Karl-Gerhard Haas

E-Bike & Pedelec

Stiftung Warentest

Inhaltsverzeichnis

Was wollen Sie wissen?

Durch einen Elektromotor unterstützte Fahrräder erfreuen sich wachsender Beliebtheit. Immer öfter greifen Kunden zu Velos mit der Extraportion Schub. Laut Statistischem Bundesamt wuchs der Anteil der Stromer in deutschen Haushalten von 3,4 Prozent 2014 auf 5,1 Prozent im Jahr 2016. In absoluten Zahlen entspricht dies 1,9 Millionen Haushalten – Tendenz: rasant steigend.

Welcher E-Bike-Typ ist für mich der richtige?

Wörtlich genommen meint E-Bike: elektrisches Fahrrad. Tatsächlich sind unter diesem Sammelbegriff verschiedenste Konstruktionen erhältlich, die sich in Technik und Zulassungsbestimmungen gravierend unterscheiden. Schnelle Modelle mit dauerhaft wirkendem Antrieb etwa müssen versichert werden, teilweise sind auch Schutzhelme vorgeschrieben – Stichworte: Pedelec, E-Bike und S-Pedelec. Es lohnt sich also, vorab in Ruhe zu überlegen, welches Zweirad mit Elektroantrieb den eigenen Bedürfnissen am besten entspricht. Die grundsätzlichen Dinge zu Technik und Ausstattung der verschiedenen E-Bike-Typen finden Sie im Kapitel „Das neue Element: Der Elektroantrieb."

Wo stelle ich ein E-Bike idealerweise ab und kann es laden?

Sind Fahrräder mit elektrischem Antrieb genauso unkompliziert in der Handhabung wie konventionelle Typen? Oder bedürfen sie besonderer Aufmerksamkeit und Unterstände? Wo und wie lädt man die Batterie des E-Bikes am besten auf? Nimmt man den Akku zum Laden in die eigenen vier Wände oder muss das ganze Fahrrad in Steckdosennähe platziert werden? Auch diese Fragen beantworten wir im Kapitel „Das neue Element: Der Elektroantrieb."

Wie gut taugen Elektrofahrräder als Lastesel?

Ob Kind oder Kegel – die Motorunterstützung lässt E-Bikes attraktiv erscheinen für Menschen, die mehr als nur sich selbst befördern wollen. Aber viele fürs konventionelle Rad gültige Regeln gelten auch für ihre elektrischen Verwandten – und allzu schweren Lasten stehen oft technische Grenzen wie überforderte Bremsanlagen im Weg. Was E-Bikes auch mit Anhängern oder als spezialisierte Lastenräder, befördern können und wofür man besser auf andere Verkehrsmittel ausweicht, klären wir im Kapitel „Ein E-Bike kaufen".

Worauf muss ich beim Kauf besonders achten?

Neben den Details des Elektroantriebs gilt es beim Kauf eines E-Bikes weitere Dinge zu beachten. Das betrifft sowohl die verschiedenen Rahmentypen als auch Informationsmöglichkeiten – sei es auf Messen oder direkt im Geschäft. Zudem bilden sich im Markt der Elektrofahrräder ähnliche Modelle wie im Pkw-Handel aus, etwa Leasing-Varianten. Auch die können interessant sein – haben aber ihre Tücken. Alles zur guten Wahl von Bauart und Händler fassen wir im Kapitel „Ein E-Bike kaufen" zusammen.

Wie sichere und versichere ich mein E-Bike richtig?

E-Bikes sind teuer – manchen gebrauchten Pkw gibt es für weniger Geld. Umso wichtiger ist es, die Elektro-Velos mit robusten Schlössern und anderen Sicherungen vor Diebstahl zu schützen. Aber auch der beste mechanische Schutz kann Fahrräder nicht vor jeder Art Angriff bewahren – im Falle eines Falles hilft die richtige Versicherung, wenigstens die materiellen Folgen des Verlusts einzudämmen. Details zum Verriegeln und Versichern lesen Sie ab Seite 90.

Mit den Pedelecs in den Urlaub – was müssen wir planen und beachten?

Abweichende Verkehrsregeln, richtig schalten – mit dem elektrischen Rad fährt sich's anders. Abseits des eigenen Unterstands will das teure Stück sicher vor Dieben sein – ein robustes Schloss ist Pflicht für E-Bikes. Auch beim Transport der Elektro-Drahtesel mit dem Auto gilt es etwas mehr zu beachten als bei konventionellen Velos. Alles dazu im Kapitel „Mit dem E-Bike unterwegs."

Wer gut schmiert, fährt gut. Aber was tue ich bei streikender Elektronik?

Wie jedes technische Gerät danken auch E-Bikes gute Pflege mit besserer Performance und längerer Haltbarkeit. Aber was ist wichtig? Darf man den Fahrrädern mit dem Hochdruckreiniger zu Leibe rücken? Welche Teile können geübte Bastler selbst wechseln – und an welche sollte nur ein Fachmann ran? Kann man Elektrofahrräder tunen? Und was tun bei einer Panne? Antworten auf diese Fragen liefert das Kapitel „Das E-Bike pflegen und warten."

FLYER

Das neue Element: Der Elektroantrieb

Unter Anbietern von Fahrrädern mit Elektroantrieb herrschen Goldgräberstimmung und Pioniergeist. Alle naslang werden technische Neuheiten angekündigt, Parallelen mit der Entwicklung der ersten Automobile sind unverkennbar.

Die ersten „Motorwagen" bestanden aus Kutschen mit drangebasteltem Verbrennermotor – erst nach und nach wurde die Technik speziell fürs Automobil entwickelt, setzten sich völlig neue Bauweisen auf den Straßen durch. Aktuell drängen Antiblockiersysteme und Automatikschaltungen in die neudeutsch „E-Bikes" genannten Drahtesel. Wie beim Auto diskutieren E-Bike-Hersteller und -Käufer über die Vor- und Nachteile von Front-, Mittel- oder Heckmotor. Von der Forderung nach mehr Elektroautos auf deutschen Straßen dürften auch die E-Bike-Fahrer profitieren – in der Akku-Technologie sind große Fortschritte zu erwarten, die auch dem Zweirad mehr Reichweite verschaffen.

Aber wie jeder entstehende Markt ist auch der der E-Bikes unübersichtlich – das beginnt schon bei der Definition. Wann ist ein Zweirad mit Motor ein Fahrrad, wann ein Kleinkraftrad? Das sind keineswegs philosophische Fragen – die technischen und rechtlichen Unterscheidungen haben direkte Auswirkungen auf Fahrerlaubnis und den nötigen Versicherungsschutz.

Genauso wichtig sind selbstverständlich die eigenen Ansprüche: Vielen genügt es, an Bergstrecken oder bei Gegenwind etwas mehr Schub zu haben – andere möchten am liebsten gar nicht mehr in die Pedale treten.

Der Schwerpunkt dieses Buches liegt auf den Pedelecs (Pedal Electric Cycles), also klassischen Fahrrädern mit Elektrounterstützung. Diese erfreuen sich der größten Beliebtheit, weil sie am ehesten dem vertrauten Fahrrad entsprechen und man für sie weder Fahrprüfung noch eine eigene Haftpflichtversicherung braucht. Wir wollen Sie aber nicht nur bei der Kaufentscheidung unterstützen, sondern auch im alltäglichen Umgang mit dem Elektrofahrrad beraten – schließlich will die Technik gepflegt und vor Diebstahl geschützt sein.

Der technische Fortschritt vereinfacht nicht nur das Leben – er will auch bezahlt werden; zudem stellt er die Nutzer vor neue Überlegungen und Herausforderungen. Zunächst sollten Interessenten also klären, was sie von der neuen Technik haben.

Was spricht für E-Bikes, wo sind mögliche Haken?

Wie viele Produktgattungen haben Fahrräder mit elektrischer Unterstützung nicht nur Vorteile. Hier die wichtigsten Argumente für den Stromer – und die gegen eine Anschaffung.

So argumentieren die Anbieter, und viele Nutzer werden Ihnen von diesen Vorteilen erzählen:

- Das E-Bike hilft, bergige Strecken bequem und schnell zurückzulegen und es unterstützt den Fahrer bei Gegenwind.
- Wer mit dem Rad zur Arbeit fährt, schwitzt weniger, wenn er ein E-Bike nutzt, kommt also gepflegter ans Ziel.
- E-Bikes verschaffen körperlich eingeschränkten Personen mehr Bewegungsfreiheit.
- Mit den meisten Bautypen kann man auch einen Kinderanhänger mitnehmen, ohne sich zu verausgaben.
- Auf vielen Routen ist es eine Alternative zum Pkw und spart so Geld sowie – je nach Situation – die Suche nach einem Parkplatz.

Aufwand und Nutzen
Wer sich für ein Pedelec entscheidet, muss sich im Alltag auf etwas zusätzlichen Aufwand einstellen.

- Weniger Trainierte können mit sportlicheren Fahrern mithalten, was bei gemeinsamen Touren geselliger ist.
- Auch trainierte Radfahrer profitieren vom schnelleren Beschleunigen der E-Bikes.

Das spricht gegen Elektrofahrräder, und Besitzer eines Pedelecs werden das Ihnen gegenüber eher nicht so deutlich erwähnen oder auch runterspielen:

- E-Bikes sind erheblich teurer als vergleichbare Fahrradmodelle ohne Motorantrieb.
- Ist der Akku leer, fährt sich ein E-Bike wegen des höheren Gewichts schwerfälliger als ein konventionelles Modell.
- Mit dem Elektroantrieb kommen zusätzliche Komponenten ans und ins Rad, die – teils vom Fachmann – gewartet werden müssen und ausfallen können. Erstmals taucht das Thema „Softwareupdate" im Zusammenhang mit einem Fahrrad auf.
- Wer sein Fahrrad regelmäßig mehrere Treppen hinauftragen muss, dürfte vom hohen Gewicht der Elektro-Velos nicht begeistert sein.
- Wer sportlich genug ist, erreicht die mit den verbreitetsten Pedelecs mögliche Unterstützung bis 25 km/h auch ohne den Elektroantrieb, hat dadurch also wenig Vorteile, was die Höchstgeschwindigkeit betrifft.
- Fährt man Rad, um sportlicher zu werden, fällt der Trainingseffekt geringer aus, wenn man auf der gleichen Strecke ein E-Bike nutzt.
- Wie auf fast allen Zweirädern ist man auch auf dem E-Bike der Witterung ausgesetzt – es taugt nur selten als alleiniges Fortbewegungsmittel.
- Für längere Strecken und solche, die nur auf Schnellstraßen komfortabel zu fahren sind, sind Fahrräder mit Elektroantrieb deshalb auch keine vollwertige Alternative zum Pkw.
- Ist der Akku nach einigen Jahren erschöpft, muss ein neuer Ersatzakku angeschafft werden, was mit Preisen ab 150 Euro bis zu mehreren Hundert Euro spürbar Kosten verursacht.

Wichtiger Unterschied
Zweiräder mit Elektromotor können sich bei der Leistung unterscheiden – mit Folgen für die nötige Fahrerlaubnis.

E-Bike, (S-)Pedelec – das Wesentliche

Der schlichte Drahtesel von einst ist im 21. Jahrhundert zur sprintstarken Hightech-Maschine mutiert. So buhlen gleich mehrere Arten von Zweirädern mit Motor um die Käufergunst.

Schon bei der Bezeichnung beginnt die Verwirrung: Denn generell sind alle Fahrräder mit Elektroantrieb E-Bikes, und im Alltag sprechen Hersteller wie Kunden überwiegend davon. Das „E" steht für „Elektro" (wahlweise „Electric"), Bike ist die Kurzform des englischen „bicycle", also wörtlich eines Zweirads. Aber darunter fallen von Muskelkraft getriebene Fahrräder ebenso wie Motorräder. In der Praxis differieren sowohl Technik wie rechtliche Voraussetzungen für die verschiedenen Bauarten. Bringen wir also Licht ins Dunkel der Elektro-Zweiräder.

Wesentliche Kriterien sind die Maximalgeschwindigkeit beziehungsweise die maximale Geschwindigkeit, bis zu der der Motor unterstützt, und ob die Zweiräder sich auch ohne Zutun des Fahrers bewegen. Alle folgenden Erläuterungen beziehen sich auf die Rechtslage in Deutschland – im deutschsprachigen Ausland, insbesondere der Schweiz, gelten andere Vorschriften.

Pedelec

Das Pedal Electric Cycle, kurz: Pedelec, ist dem klassischen Drahtesel am nächsten: Es darf einen Elektromotor mit einer Leistung von maximal 250 Watt (entspricht rund einem Drittel PS) mitbringen. Der unterstützt den Fahrer nur – man muss also weiterhin in die Pedale treten. Bei einer Höchstge-

Wie ein Fahrrad
Bei 25 km/h ist Schluss mit Motorunterstützung. Nur für Pedelecs, deren Antrieb bis zu dieser Grenze wirkt, braucht man weder Führerschein noch Versicherung.

schwindigkeit von rund 25 Stundenkilometern (km/h; in der Praxis werden toleranzbedingt 27 bis 28 km/h erreicht) klinkt sich der Elektroantrieb aus – fitte Radler dürfen ausschließlich mit Muskelkraft natürlich so schnell fahren wie sie können.

Versicherungs- und verkehrsrechtlich handelt es sich bei Pedelecs um Fahrräder. Es ist also kein Führerschein oder sonstige Fahrprüfung nötig und auch keine gesonderte Versicherung für dieses Fahrzeug. Eine private Haftpflichtversicherung ist aber sinnvoll, sobald man – in welcher Form auch immer – am Straßenverkehr teilnimmt. Die Autofahrern bekannte und von ihnen gefürchtete Obergrenze von 0,5 Promille Blutalkohol gilt auf Pedelecs ebenso wenig wie auf Fahrrädern.

Trotz des eigentlich nur unterstützenden Charakters des Pedelec-Elektroantriebs werden auch Modelle mit einer Anfahr- und Schiebehilfe angeboten. Diese Zweiräder setzen sich auf Wunsch des Fahrers selbsttätig in Bewegung – dies aber nur mit einer Geschwindigkeit von maximal 6 km/h. Die aktuelle Rechtslage betrachtet auch diese Zwitter aus Pedelec und E-Bike als Fahrräder. Das ist allerdings erst seit dem Juni 2013 der Fall.

Wer eine ältere Privathaftpflichtpolice hat, sollte klären, ob auch Unfälle mit Pedelecs (mit oder ohne Anfahrhilfe) abgedeckt sind. Einen Schutzhelm sollte man auf Pedelecs tragen, muss es aber nicht.

Für das Fahren von Pedelecs gibt es kein gesetzliches Mindestalter, es wird aber allgemein davon abgeraten, Kinder unter 14 Jahren damit fahren zu lassen. Jüngere Kinder können meist das Fahr- und Beschleunigungsverhalten von Pedelecs nicht richtig einschätzen.

S-Pedelecs (auch Schweizer Klasse oder S-Klasse)

Das S steht hier für „schnell“ (alternativ englisch: „Speed“) – mit einem S-Pedelec ist man flotter unterwegs als mit einem Pedelec. An diesem Fahrzeugtyp darf der Elektromotor bis zu einer Geschwindigkeit von 45 km/h unterstützen und eine Leistung bis

Bis 45 km/h schnell.
Das E-Moped gilt rechtlich als Kleinkraftrad und braucht ein Versicherungskennzeichen.

zu 4 000 Watt (vor 2017: 500 Watt) haben. Dabei darf der Motor die vom Fahrer aufgebrachte Kraft allerdings maximal vervierfachen. Rechtlich handelt es sich bei S-Pedelecs um Kleinkrafträder. Sofern man nach dem 1. April 1965 geboren ist, benötigt man für die Fahrt mit ihnen einen Führerschein der Klasse AM (enthalten bei Pkw-Führerschein Klasse B) und ein Versicherungskennzeichen; zudem muss man bei der Fahrt einen Helm tragen.

E-Bikes mit reinem Motorbetrieb

Wir erwähnten es bereits: In der Umgangssprache unterscheidet man nicht zwischen Pedelecs und E-Bikes – Hersteller und Gesetzgeber tun dies sehr wohl.

Der wesentliche Unterschied zu (S-)Pedelecs: E-Bikes fahren auch, wenn der Fahrer nicht in die Pedale tritt. Technisch sind sie einem Mofa oder Motorroller näher als einem Fahrrad.

Bis zu einer Höchstgeschwindigkeit von 20 km/h gelten E-Bikes als Leichtmofa, mit einer Höchstgeschwindigkeit von 25 km/h als Mofa. Beide brauchen ein Versicherungskennzeichen, der Fahrer, sofern er nicht einen Führerschein für Pkw besitzt, eine Mofa-Prüfbescheinigung. Für vor dem 1. April 1965 Geborene reicht der Personalausweis. Zum Fahren dieses E-Bike-Typs muss man mindestens 15 Jahre alt sein; eine Helmpflicht besteht für die Modelle, die 25 km/h erreichen.

Die schnellsten E-Bikes dürfen wie S-Pedelecs bis zu 45 km/h schnell sein und werden als Kleinkraftrad eingestuft. Ihre Fahrer müssen mindestens 16 Jahre alt sein, man braucht mindestens einen Führerschein der Klasse AM (enthalten bei Pkw-Führerschein Klasse B) und ein Versicherungskennzeichen; zudem muss man bei der Fahrt einen Helm tragen.

Alle rechtlichen Aspekte und Bauartunterschiede haben wir in der Tabelle „Pedelecs (motorunterstützt), E-Mofas und E-Kleinkrafträder" auf den Seiten 18–19 zusammengefasst.

Abseits dieser grundsätzlichen Kriterien teilt sich der E-Bike-Markt in viele verschiedene Kategorien wie Stadtfahrrad, Mountainbike, Rennrad und so weiter auf.

„Pedelecs sollten generell als Fahrräder gelten"

Siegfried Brockmann Leiter der Unfallforschung der Versicherer (UDV) im Gesamtverband der Deutschen Versicherungswirtschaft e. V.

Halten Sie die aktuelle Rechtslage in Bezug auf Pedelecs für praxisgerecht?
Nein – ich hätte mir eine andere Herangehensweise der Politik ans Thema gewünscht. Momentan haben wir die Situation, dass die zulassungsfreien Pedelecs für sportliche Fahrer zu langsam sind, für ältere Fahrer aber schon gefährlich schnell.

Was schlagen Sie stattdessen vor?
Die Trennung zwischen Pedelec und S-Pedelec sollte aufgehoben werden. Statt der leicht auszuhebelnden Beschränkung auf 25 km/h für Pedelecs sollte es eine manipulationsgeschützte Abhängigkeit von Tempo und Tretkraft geben. So hinge die tatsächliche Geschwindigkeit direkt von der körperlichen Leistungsfähigkeit des Fahrers ab. Eingeschränkte Personen liefen so weniger Gefahr, in Geschwindigkeitsbereiche zu geraten, die ihre Fähigkeiten übersteigen. Sportliche Personen würden Geschwindigkeiten erreichen, die sie auch auf dem Fahrrad schaffen.

Sollten dann Pedelecs als Kraftrad eingestuft werden?
Grundsätzlich wäre das geboten, denn alles, was schneller als 6 km/h ist und nicht ausschließlich mit Muskelkraft bewegt wird, gilt eigentlich als Kraftfahrzeug. Im konkreten Fall wäre ich allerdings dafür, alle Pedelecs mit der von mir vorgeschlagenen Tempokontrolle zu den Fahrrädern zu zählen. Momentan haben wir die Situation, dass S-Pedelecs nicht auf Radwegen oder Radschnellwegen fahren dürfen. Damit werden sie unattraktiv und auch gefährlich: Vielen Autofahrern ist zum Beispiel gar nicht bewusst, dass die schnellen E-Bikes auf der Straße, also auch neben einem Radfahrstreifen, fahren müssen, was zu Auseinandersetzungen führt.

Könnte die Einstufung aller Pedelecs als Kraftrad nicht mehr Sicherheit schaffen? Momentan erlaubt der Gesetzgeber an Pedelecs mäßig wirksame Rücktrittbremsen ebenso wie bissige Scheibenbremsen.
Das stimmt zwar – die verfügbare Bremskraft halte ich in der Praxis aber nicht für das Problem. Faktisch würden auch die schwächeren Bremsen die Anforderungen erfüllen, wie sie etwa an Mofas gestellt werden. Für Neulinge ist es allerdings unge-

30 SEKUNDEN FAKTEN

Von 2012 bis 2016 stieg der **E-Bike-Anteil** am deutschen Fahrradmarkt von **10** auf **15** Prozent.

Im selben Zeitraum erhöhte sich der durchschnittliche E-Bike-Preis von **1 637,24 Euro** auf **1 644,92 Euro**.

2010 wurden in Deutschland rund

127 000

E-Bikes produziert,

2016 waren es schon

351 500.

Quelle: Idealo.de/ZIV/Statista

wohnt bis schwierig, die Verzögerung richtig zu dosieren.

Halten Sie das von einem Hersteller angekündigte Bremsen-Antiblockiersystem (ABS) für einen Ansatz, die Sicherheit zu verbessern?

Grundsätzlich ja. Das System wirkt auf das Vorderrad und nimmt die Angst, zu überbremsen und zu stürzen. Gerade in Deutschland sind ältere Fahrer aber noch daran gewöhnt, zuerst die Rücktrittbremse einzusetzen. Wenn man also nicht übt, auch die vordere Bremse zu ziehen, bleibt das ABS wirkungslos.

Stichwort ältere Fahrer: Sind die auf Pedelecs besonders gefährdet?

Ja – wegen der momentanen Gesetzeslage fahren viele Menschen mit einem Pedelec mit einer Geschwindigkeit von 25 km/h, die dazu auf einem konventionellen Fahrrad nicht in der Lage wären und mit diesem Tempo überfordert sind. In der Gruppe der über 65-Jährigen steigt die Zahl der Pedelec-Unfälle leider ganz erheblich. Gleichzeitig darf man Pedelecs ohne Helm fahren, was die Folgen eines Unfalls verschlimmern kann. Viele Menschen – nicht nur ältere – verzichten auf einen Helm, weil sie glauben, bei geringem Tempo könne nicht viel passieren. Das Gefährlichste an Pedelec-Kollisionen ist aber oft nicht der unmittelbare, sondern der Sekundäraufprall. Sprich: Man stürzt vom Rad auf den Asphalt – hierbei kann man sich auch bei sehr geringen Geschwindigkeiten schwerwiegende Kopfver-

Schwungvoll auch bergauf
Mountainbiker freuen sich immer öfter über den zusätzlichen Schub, der sie bergauf trägt.

letzungen zuziehen. Ich bin zwar ausdrücklich gegen eine Helmpflicht, hoffe aber, dass sich Pedelec-Fahrer freiwillig für Helme entscheiden, denn dass sie schützen, ist wissenschaftlich erwiesen.

Ist nach Ihren Erkenntnissen Pedelecfahren grundsätzlich gefährlicher?
Pedelecs werden über längere Strecken bewegt – allein deswegen steigt schon die Wahrscheinlichkeit eines Unfalls. Zudem sind Pedelecs durchschnittlich 3 km/h schneller unterwegs. Das wirkt sich bei einer Kollision zwar nicht wesentlich auf die Schwere der Verletzungen aus. Aber mit dem Tempo verlängert sich der Reaktionsweg und damit das Risiko, einen Zusammenprall nicht mehr vermeiden zu können. Hinzu kommen Gewichts- und Handlingaspekte. Man kann deshalb durchaus sagen, dass Pedelecfahren tendenziell gefährlicher ist.

Mit Blick auf die Risiken: Fordern Sie einen Führerschein für Pedelec-Fahrer?
Nein. Aber zumindest Senioren und andere ungeübte Fahrer sollten einen Kurs machen. Ich hielte zudem ein Fahrsicherheitstraining für sinnvoll. Denn mit allen Fahrzeugen meistert man gefährliche Situationen nur, wenn man in diesem Moment nicht nachdenken muss, sondern reflexartig das Richtige tut. Dies muss man wieder und wieder üben.

Wie sind denn Opfer bei vom Pedelec verursachten Unfällen geschützt?
Aufgrund der Gesetzeslage würde bei den langsamen Pedelecs, da diese ja ausdrücklich keine Kraftfahrzeuge sind, ausschließlich die private Haftpflichtversicherung eintreten. Das sind jetzt schon rund 97 Prozent des Marktes. Bei meinem Vorschlag kämen dann auch noch die restlichen 3 Prozent dazu, dann aber unter sichereren Bedingungen. Momentan haben aber durchaus noch nicht alle Menschen in Deutschland eine solche Versicherung. Da sollte dann schon der Fahrradhändler darauf hinweisen.

Pedelecs (motorunterstützt), E-Mofas und E-Kleinkrafträ

	Pedelec	S-Pedelec
Motorstärke (Watt)	Bis 250	Bis 4 000 (vor 2017: 500)
Erlaubte Höchstgeschwindigkeit (km/h)	Keine Grenze	Keine Grenze
Motorunterstützung bis (km/h)	25	45
Helmpflicht	Nein	Ja
Versicherung	Haftpflicht	Kfz-Versicherung
Kindersitz	Erlaubt	Erlaubt
Kinderanhänger	Erlaubt (Freigabe durch Radhersteller nötig)	Nicht erlaubt
Führerschein	Nein	Klasse AM
Mindestalter	– (empfohlen: 14 Jahre)	16
Allgemeine Betriebserlaubnis nötig	Nein	Ja
Kennzeichen	Nein	Versicherungskennzeichen
Radwegnutzung	Vorgeschrieben	Nicht erlaubt
Gilt verkehrsrechtlich als	Fahrrad	Kleinkraftrad
Blutalkoholgrenze (Promille)	1,6	0,5
Rückspiegel nötig	Erlaubt	Ja
Bremslicht nötig	Erlaubt	Ja
Ständer nötig	Erlaubt	Ja

	E-Bike Bis 500	E-Bike Bis 500	E-Bike Bis 4 000 (vor 2017: 500)
	20	25	45
	–	–	–
	Nein	Ja	Ja
	Kfz-Versicherung	Kfz-Versicherung	Kfz-Versicherung
	Erlaubt	Erlaubt	Erlaubt
	Nicht erlaubt	Nicht erlaubt	Erlaubt, aber keine freigegebenen Modelle
	Mofa-Prüfbescheinigung (wenn geboren nach 1.4.1965)	Mofa-Prüfbescheinigung (wenn geboren nach 1.4.1965)	Klasse AM
	15	15	16
	Ja	Ja	Ja
	Versicherungskennzeichen	Versicherungskennzeichen	Versicherungskennzeichen
	Wenn für Mofas freigegeben	Wenn für Mofas freigegeben	Nicht erlaubt
	Leichtmofa	Mofa	Kleinkraftrad
	0,5	0,5	0,5
	Ja	Ja	Ja
	Erlaubt	Ja	Ja
	Ja	Ja	Ja

Arbeitsteilung
Die Antriebskomponenten verteilen sich übers Pedelec – der Motor sitzt nicht zwingend in der Mitte.

Die Technik im Detail

Genug der juristischen Spitzfindigkeiten – im Folgenden wollen wir uns im Wesentlichen mit der Technik elektrisch betriebener beziehungsweise unterstützter Fahrräder befassen.

Schon unser kurzer Überblick verrät es: E-Bikes sind im Prinzip Motorroller, die statt eines Kraftstoff- einen Elektroantrieb haben. Eine Stromquelle, der Akkumulator, versorgt den Motor mit Energie; mit einem Regler bestimmt der Fahrer die gewünschte Geschwindigkeit. Nur, wenn der Akku leer ist, muss der Nutzer selbst in die Pedale treten – vorausgesetzt, das E-Bike hat welche.

Wesentlich komplexer ist die Technik bei (S-)Pedelecs: Wie erwähnt unterstützen sie den Fahrradfahrer nur. Das heißt: Zum Zweirad gesellt sich ein weiteres Element – der Elektromotor.

Für die zulassungsfreien Pedelecs ist er auf 250 Watt Nennleistung beschränkt – praktisch alle Anbieter verbauen entsprechende Motoren. Aus gutem Grund: Die Leistung eines durchschnittlichen Radfahrers entspricht bereits rund 100 Watt.

Der Motor allein macht das Pedelec nicht: Erst weitere Komponenten erwecken ihn zum Leben. Neben dem Akku gehören zum Paket ein Steuergerät, neudeutsch Controller genannt, sowie Sensoren – idealerweise für Drehmoment, Trittfrequenz und Geschwindigkeit. Ein üblicherweise am Lenker montierter Bildschirm ergänzt die E-Fahrradtechnik. Schlichte Ausführungen zeigen nur die wichtigsten Betriebsdaten an, etwa Geschwindigkeit und Akkuladestand. Ausgefeiltere Modelle integrieren weitere Funktionen, etwa die Navigation.

Antriebspaket
Zum Motor (links) gehören Akku (rechts), Display (2. von rechts) und optional ein ABS-Modul (2. von links).

Die Motornennleistung ist auf 250 Watt begrenzt. Dennoch unterscheiden sich die verschiedenen Modelle stark im Fahrverhalten – das Drehmoment macht's. In der Pedelec-Klasse sind Werte von 48 bis etwa 90 Newtonmeter (Nm) gängig. Je höher das Drehmoment, desto durchzugstärker und dynamischer wird der Vortrieb – desto leichter kann er ungeübte Fahrer aber auch überfordern. Die Fahrt mit drehmomentstarken Pedelecs wird zudem oft als weniger harmonisch empfunden. Viel hilft also nicht zwingend viel.

Die meisten Pedelecs offerieren verschiedene Unterstützungsstufen, wahlweise auch Fahrmodi genannt. Gängig sind drei bis fünf Stufen. Mit ihnen lässt sich wählen, wie sehr die Fahrt durch den Elektromotor getrieben wird. Dies ist nicht nur eine Frage der persönlichen Leistungsfähigkeit und Laune – sie wirkt sich auch direkt auf die mit dem Akku erreichbare Reichweite aus. Logisch: Tritt man mit weniger Krafteinsatz in die Pedale, ist der Akku schneller leer. Muss man mit dem Pedelec nur ein paar Kilometer bis zur Arbeit, möchte also nach Möglichkeit möglichst wenig verschwitzt bei Kollegen oder Kunden erscheinen, wird man eine Stufe mit hoher Unterstützung wählen – in den meisten Fällen wird sich am Arbeitsplatz eine Lademöglichkeit finden. Für ausgedehnte Touren hingegen dürfte eine möglichst dezente Unterstützung die klügste Wahl sein, um nicht zum Ende der Ausfahrt ohne Motorkraft zu fahren, sprich: Akku und Antrieb selbst per pedes befördern zu müssen.

Bei den Getrieben („Gangschaltungen") zeichnen sich ähnliche Entwicklungen ab wie im Automobilbereich: Neben den vergleichsweise günstigen, aber auch pflegebedürftigen Kettenschaltungen bieten immer mehr Hersteller komplexe, teils vollautomatische Nabenschaltungen an. Die ersten Hersteller integrieren das Getriebe schon ins Motorgehäuse, wodurch die Technik weniger Platz braucht. Billiger werden die Pedelecs dadurch aber nicht.

Die goldene Mitte
Das Zusatzgewicht des Elektromotors stört das Fahrverhalten an dieser Stelle am wenigsten.

Die Antriebskonzepte

Wesentliches Unterscheidungsmerkmal der verschiedenen Pedelecs ist die Position des Motors. Der Antrieb kann in der Mitte des Fahrrads, am Vorderrad oder hinten erfolgen.

→ **Vorder- oder Hinterradmotoren** sitzen direkt auf der Nabe des jeweiligen Laufrads – von Exotenkonstruktionen abgesehen. Der Mittelmotor nimmt hingegen im Rahmen dort Platz, wo bei konventionellen Fahrrädern das Tretlager angebracht ist.

Mittelmotor

Diese Antriebsart erfreut sich mittlerweile unter Pedelec-Herstellern der größten Beliebtheit. Das hat Gründe: Der Motor ist am tiefsten Punkt des Fahrradrahmens angebracht; der Fahrzeugschwerpunkt bleibt also niedrig, was der Sicherheit zugutekommt. Das Fahrverhalten entspricht am ehesten dem eines muskelbetriebenen Fahrrads, den Nutzern fällt die Umgewöhnung also leicht. Die elektrische Verbindung zum Akku ist meist kurz und, da der Akku oft ebenfalls im Rahmen verbaut wird, vor Beschädigung gut geschützt. Auch technisch hat der Mittelmotor beim typischen Pedelec Vorteile: Da er mit dem Pedalantrieb kombiniert ist, lässt sich die Motorunterstützung recht einfach und gezielt dosieren. Aktuelle Mittelmotor-Pedelecs lassen sich per Rücktritt bremsen, was den Gewohnheiten von Stadt- und Tourenrad-Fahrern entgegenkommt – allerdings bietet nicht jedes Modell diese Option. Setzt der Radhersteller auf Kettenantrieb (mehr zu anderen Kraftübertragungsmöglichkeiten ab Seite 26), beansprucht ein Mittelmotor diese, das Ritzel und auch die Schaltung stärker als beim gewohnten Fahrrad. Nur Nischenanbieter offerieren Nachrüstlösungen

Allradantrieb
Ein Frontmotor bringt Elektrokraft aufs Vorderrad; das hintere wird vom Fahrer angetrieben.

auf Basis eines Mittelmotors – da der Rahmen das Gewicht des Antriebs tragen muss, taugt diese Bauart in der Regel nicht zum Umbau eines konventionellen Zweirads. Wegen der Anforderungen an den Rahmen war der Mittelmotor früher auch als teuerste Antriebsvariante verschrien. Im aktuellen Angebot beeinflussen aber andere Details den konstruktiven Aufwand und damit den Preis eines Pedelecs in höherem Maße.

Aktuelle Mittelmotoren treiben das Tretlager mit an; früher war Kettenantrieb gängig. Der Antrieb am Tretlager ist technisch eleganter; in Verbindung mit einer Kettenschaltung (siehe Seite 26) reicht am Tretlager der Platz aber an einigen Modellen nur für einen Zahnkranz; bei Kettenantrieb finden sich häufig zwei oder gar drei Zahnkränze.

Vorderradmotor

Mit einem Frontmotor ist ein Pedelec besonders günstig zu realisieren. Er bietet Radherstellern und -käufern maximale Wahlfreiheit bei der Art der Schaltung; auch die Rücktrittbremse ist möglich. Der Antrieb verteilt sich bei Elektrounterstützung ausgewogen auf motorisiertes Vorder- wie muskelkraftbetriebenes Hinterrad. Da der technische Aufwand gering ist, eignet sich ein Vorderradmotor prinzipiell auch zum Nachrüsten eines konventionellen Fahrrads – mehr zu möglichen Nachrüstungen ab Seite 36.

Allerdings beeinflusst sein Gewicht das Lenkverhalten. Rahmen und Gabel müssen die zusätzliche Last verkraften beziehungsweise dafür ausgelegt sein. Auch an ein neues Fahrverhalten muss man sich gewöhnen: Traditionell schiebt der Antrieb eines Fahrrads; mit Frontmotor zieht er. Vorderradmotoren beschleunigen außerdem oft mit spürbarer Verzögerung. Auf rutschigem Untergrund dreht das angetriebene Vorderrad leichter durch. Die Verkabelung vom Akku zum Motor ist länger und störanfälliger. Und zu guter Letzt gilt dieser Motortyp als vergleichsweise laut. Ob einen die im Vergleich zu herkömmlichen Fahrrädern wuchtige Radnabe stört, ist Geschmackssache –

Mehr Durchzug
Heckmotoren verleihen einem Fahrrad mehr Antritt und erlauben dynamisches Fahren.

manche Kunden empfinden sie als unästhetisch. Aus den genannten Gründen finden sich Vorderradantriebe im aktuellen Pedelec-Angebot überwiegend in Discounterprodukten, gelegentlich zudem in Spezialanfertigungen.

Hinterradmotor

Ein Motor in der Nabe des Hinterrads verbessert Anpressdruck und Traktion des Reifens, was besonders bei Fahrten im Gelände oder auf rutschigem Untergrund von Vorteil ist und einer sportlichen Fahrweise entgegenkommt. Anders als der Mittelmotor wirkt er direkt aufs Rad – bei höheren Geschwindigkeiten hat er den besseren Wirkungsgrad. Unter Last bei langsamer Fahrt ist allerdings ein Mittelmotor effizienter. Dadurch, dass Schaltung und Antrieb sich auf ein Rad konzentrieren, bleibt das Vorderrad bei einer Panne leicht wechselbar – beim Frontmotor wird der Tausch beider Räder kompliziert.

Heckantriebe gelten als leise; sie belasten Kette und andere Antriebskomponenten nicht zusätzlich. Die Heckmotoren einiger Hersteller wirken beim Bremsen als Dynamo und laden den Akku – überschätzen sollte man die so mögliche Energiegewinnung allerdings nicht. (Mehr zum Thema Rekuperation auf Seite 88.) Der eigentliche Heckmotor ist im Falle eines Motorschadens verhältnismäßig einfach auszubauen, der Wechsel des ihn tragenden Hinterrads wird aber durch den Elektroantrieb komplizierter. Die Verkabelung zum Akku ist anfälliger als die eines Mittelmotors, Nabenschaltung sowie Rücktrittbremse sind mit Hinterradmotor schwierig umzusetzen und werden entsprechend nur von den wenigsten Radherstellern angeboten. Das Fahrrad wird hecklastig – insbesondere, wenn auch noch der Akku auf Höhe des Gepäckträgers montiert ist oder man das Rad dort belädt. Ist der Energiespeicher im Rahmen platziert, sollte auch ein Fahrrad mit Heckmotor noch gut ausbalanciert sein – in der Praxis hängt es wohl eher vom konkreten Modell als von der Theorie ab. Dennoch verliert der Hecknabenantrieb im Handel an Bedeutung.

Nervenbahnen
Sensoren sind ein funktionaler Bestandteil von Pedelecs – ohne sie streikt die Technik.

Die Sensoren

Pedelecs sind auf Sensoren angewiesen, um den elektrischen Antrieb passend zur Muskelkraft des Fahrers zu dosieren – die unscheinbaren Bauteile sind dabei zentrale Komponenten.

Günstige Pedelecs sind häufig nur mit einem Bewegungs-/Drehsensor ausgestattet. Der ermittelt, ob die Pedale bewegt werden. Stellt er das fest, gibt er Motorleistung zu. Mit Drehsensoren lassen sich konventionelle Fahrräder zum Pedelec nachrüsten. Das Anfahrverhalten ist aber durch diesen Sensortyp ungewohnt, durch die unpräzise Datenaufnahme lässt sich die nötige Leistung des Motors (und damit der Stromverbrauch) nur grob dosieren. Pedelecs, die nur mit Drehsensor bestückt sind, haben deshalb eine geringere Reichweite.

Der Kraft- oder Drehmomentsensor hingegen erkennt nicht nur die Trittfrequenz, sondern auch, mit wie viel Kraft in die Pedale getreten wird. Mit diesem Sensortyp bestückte E-Bikes verhalten sich mehr wie ein konventionelles Fahrrad; sie fahren sanfter an. Durch die feinfühligere Sensorik lässt sich die Motorunterstützung präziser dosieren, was die mit Strom mögliche Reichweite steigert.

Ergänzt werden diese Sensoren vom Geschwindigkeitssensor – er stellt die aktuelle Geschwindigkeit des Pedelecs fest und regelt die Motorunterstützung ab, wenn die für den jeweiligen Radtyp erlaubte Stundenkilometerzahl erreicht ist. In der Regel ist er am Fahrradrahmen montiert und misst die Umdrehungen eines in den Speichen angebrachten Magneten. Pedelecs mit automatischer Schaltung bringen – je nach Hersteller – zusätzlich einen Lagesensor mit, der Bergauffahrten erkennt und eine dafür sinnvolle Schaltstufe wählt.

Zahnriemen schicken sich an, die seit Jahrzehnten etablierten Ketten bei der Kraftübertragung abzulösen, sind aber noch deutlich teurer.

Kette oder Riemen?

Vorderrad- und Hinterradmotoren geben ihre Kraft unmittelbar aufs Laufrad. Um die Energie eines Mittelmotors und des Radlers ans Hinterrad zu übertragen, ist ein Vermittler nötig.

Klassischerweise ist dies eine Kette aus Metallgliedern; wie im Motorradbau sind auch bei Fahrrädern seit einiger Zeit Zahnriemen aus Kunststoff als alternative Transmission beliebt.

Die üblicherweise karbonverstärkten Riemen sind teurer als Kettenantriebe, versprechen aber leiseren Betrieb und längeres Leben als eine Kette. Diese wird von einem Mittelmotor mehr strapaziert als von einem rein menschlichen Antrieb. Praktiker verweisen allerdings darauf, dass auch das Riemenmaterial spröde werden kann, hochwertige Ketten ebenfalls haltbar sind und ihr Ersatz um 20 bis 30 Euro kostet. Zum Vergleich: Für einen hochwertigen Ersatzzahnriemen sind rund 100 Euro fällig.

Da Riemen nicht geschmiert werden müssen, bleiben lange Hosen sauber, wenn man mit den Beinen in Antriebsnähe kommt. Manche Nutzer beschreiben das Fahrgefühl mit einem Riemen als weniger direkt und bemängeln gegenüber einer Kette höhere Kraftverluste. Vorteilhaft ist, dass nicht nur der Riemen wartungsfrei ist, sondern auch andere zu wartende Teile (Kettenspanner oder Ähnliches) im Antriebsstrang wegfallen. Mit Riemenantrieb ist nur eine Naben- oder Getriebeschaltung möglich – das dürfte insbesondere sportliche Fahrer abschrecken, die eher auf Kettenschaltung setzen. Allerdings ist die Kombination aus Zahnriemen und Nabenschaltung weniger schmutzempfindlich als Kettentechnik, was Fahrten abseits befestigter Wege erleichtert.

Muss ein Riemen gewechselt werden, ist dessen Montage aufwendiger als die einer neuen Kette, denn der alte Zahnriemen (sofern er nicht gerissen ist) muss entspannt, der neue mit definierter Kraft gespannt werden. Dies wird durch Verschieben des Hinterrads bei Demontage und Montage erreicht. Um überhaupt den Riemen wechseln zu können, muss der Fahrradrahmen ein sogenanntes Rahmenschloss mitbringen – als Nachrüstlösung taugt ein Riemenantrieb nicht. Die vom Hersteller vorgegebene Riemenspannung muss beim Wechsel eingehalten werden, wozu Spezialwerkzeug erforderlich ist. Eine Kette verzeiht im Vergleich größere Toleranzen, ihre Montage ist einfacher.

Neueste Riemen kommen mit einer Führungsrille („Center Track", etwa: Mittelspur) und Stegen zwischen den Zähnen der Riemenscheiben, was sie sicherer hält und die Montage ebenfalls etwas erleichtert. Die korrekte Spannung muss aber immer noch eingehalten werden.

Gangschaltungen

Um im Flachen möglichst schnell vorwärtszukommen, andererseits am Hang aber nicht stehenzubleiben, muss ein Getriebe zwischen Mensch/Motor und angetriebenem Rad vermitteln.

Aus konventionellen Fahrrädern sind Ketten- sowie Nabenschaltwerke bekannt. Sie finden sich in diversen Varianten auch in Fahrrädern mit Elektrounterstützung. Darüber hinaus entstanden in jüngster Zeit Antriebsvarianten exklusiv für Pedelecs.

Wie viele Gänge braucht das Elektrofahrrad?

Bevor wir auf die Einzelheiten der verschiedenen Schaltwerke eingehen, hilft es, sich die Anforderungen daran klarzumachen. Ausschließlich mit Muskelkraft betriebene Fahrräder werden mit Schaltwerken mit bis zu 33 Gängen angeboten. Das erlaubt einerseits ein extrem feinfühliges und sportliches Fahren – erfordert andererseits aber auch so viel Konzentration, dass die Technik im Straßenverkehr eher ablenkt. Hinzu kommt: Der Elektromotor hilft ja gerade in den Situationen – Anfahren, Bergauffahrten, Gegenwind –, in denen der Pedalist bisher auf sich allein gestellt war. Praktiker hal-

ten acht Schaltstufen im Alltag für völlig ausreichend und empfehlen mehr Gänge nur, wenn ein Pedelec hauptsächlich im Gelände auf Steilstrecken gefahren wird.

Kettenschaltungen

Klassischerweise überträgt eine Kette die Kraft des Radfahrers (sowie die von in Rahmenmitte verbauten Motoren) aufs Hinterrad. Für die verschiedenen Übersetzungen oder Gänge werden typischerweise bis zu zwölf Zahnkränze (oder „Ritzel") an der Hinterradnabe platziert und bis zu drei Kettenblätter am Tretlager. Per Seilzug oder seit einigen Jahren auch per Elektromotor/Relais bewegte Hebel legen die Kette auf die gewünschten Ritzel. An der Hinterachse bewirkt die Wahl eines Ritzels mit vielen Zähnen ein stärkeres Drehmoment bei niedrigerer Geschwindigkeit – diese Gänge wird man also bei Bergfahrten oder Gegenwind wählen. An den vorderen Kettenblättern steigt die Kraftübertragung und sinkt die Geschwindigkeit, wenn man ein Blatt mit wenig Zähnen wählt – und umgekehrt.

Kettenschaltungen lassen sich mit allen angebotenen Motortypen kombinieren. Sie sind vergleichsweise günstig und in den meisten Fällen auch von Laien zu warten und zu reparieren. Sie bedürfen allerdings auch größerer Aufmerksamkeit und Pflege als andere Kraftübertragungen. Häufige Fahrten im Regen können sich auf deren Haltbarkeit auswirken, Mountainbike-Fahrer wissen, dass sich Schlamm ins Getriebe

Kettenschaltungen sind vor allem bei sportlichen Fahrern beliebt.

setzen und es schlimmstenfalls blockieren kann. Wie die Kette sollten auch die Ritzel regelmäßig geschmiert werden.

Kettenschaltungen erlauben eine dynamischere Fahrweise. Wer unter Last schalten will, wird zu ihnen greifen. Eine völlig unterbrechungsfreie Kraftübertragung während des Schaltens ist mit ihnen allerdings nicht möglich, denn während die Kette auf ein anderes Ritzel gelegt wird, sollte der Fahrer nur sachte in die Pedale treten. Nur neueste Motorsensorik erkennt diese Schaltpause zuverlässig – ältere Motoren bewegen die Kette in diesem Moment weiter, wodurch es buchstäblich im Getriebe knirscht. Mehr dazu im Kapitel „Mit dem E-Bike unterwegs".

Nabenschaltungen

Hier ist die Mechanik für die unterschiedlichen Übersetzungen in der Nabe der Hinterachse untergebracht. Je nach Zahl der zur Verfügung stehenden Schaltstufen sorgen ein oder mehrere Planetengetriebe für die gewünschten Kräfteverhältnisse. Durch die Unterbringung in der Radnabe ist die auch „Innenschaltung" genannte Technik vor Schmutz und äußeren Einwirkungen geschützt und wartungsarm – manche Hersteller versprechen sogar völlige Wartungsfreiheit. Sollte allerdings eine Nabenschaltung repariert werden müssen, ist sie ein Fall für den Fachmann. Wegen der komplexeren Mechanik ist auch ihr Kaufpreis höher als der einer vergleichbaren Kettenschaltung. Zurzeit werden Nabenschaltungen mit zwei bis vierzehn Schaltstufen angeboten; gängig sind acht oder neun.

Nabenschaltungen mit Planetengetriebe schalten wie Kettenschaltungen in Stufen. Werden die Planetengetriebe mit Kugeln kombiniert, lässt sich das Kraft-/Geschwindigkeitsverhältnis von Nabenschaltungen auch stufenlos, also in beliebig feinen „Gängen" dosieren. Entsprechende Produkte bietet beispielsweise Enviolo (firmierte bis Ende 2017 unter „Nuvinci") an.

Kombinierte Ketten-/Nabenschaltungen

Wie der Name sagt: Produkte wie der „Dual Drive" von SRAM oder CS-RK 3 und CS-RF 3 von Sturmey-Archer verheiraten eine Drei-

Variomatic
Diese Kugel-Nabenschaltung verspricht stufenlose Übersetzungswahl.

gang-Nabenschaltung mit bis zu zehn Kettenschaltungsritzeln. Die Anbieter versprechen bequemes Schalten – auch unter Last und im Stand. Für dieses Produkt reicht ein Bedienelement am Lenker, das allerdings zwei Hebel für Naben- und Kettenschaltung mitbringt. Ob dies, wie von einem Hersteller angegeben, weniger vom Verkehrsgeschehen ablenkt als andere Schaltungen mit zwei Hebeln, ist fraglich. Die Anbieter versprechen maximale Übersetzungsspreizung, die sich vor allem bei Fahrten abseits befestigter Straßen auszahlen soll. Allerdings vereinen die Schaltkombinationen auch die Nachteile von Ketten- wie Nabenschaltung: höheren Wartungsaufwand und höheren Preis.

Motor-/Schaltungskombinationen

Gerade die Verbindung mit einem Mittelmotor erlaubt den Konstrukteuren, Getriebe abseits der konventionellen Fahrradtechnik zu entwickeln. So sind aktuell diverse Kombinationen von Mittelmotor und Schaltung erhältlich, die beide Baugruppen in einem kompakten Gehäuse vereinen. Für die Schaltung sind seit einiger Zeit sogar – wie im Pkw – Automatiken verfügbar, die den Pedelec-Fahrer weiter entlasten.

Die mechanische Einheit von Schaltung und Motor ist nicht zwangsläufig – der japanische Marktführer Shimano etwa offeriert zu seiner „Steps“-Motorenreihe die mechanisch getrennte Automatik Di 2, die über die Sensorik mit der Fahrstufensteuerung verbunden ist und so das Radeln wesentlich entspannter macht. Diese Automatik arbeitet aber auch mit der Sensorik von Bosch-Antrieben (siehe nächster Abschnitt) zusammen. Fürs Frühjahr 2018 hat der Automobilzulieferer Continental ein Paket aus 48-Volt-Akku (mehr zu diesem Thema ab Seite 39) sowie Motor- und Automatikgetriebe-Kombination namens „48V Revolution“ angekündigt.

Ob Automatik- oder Schaltgetriebe: Die Konzentration von Mittelmotor und Schaltung in der Rahmenmitte ist dem Fahrverhalten förderlich, es hängt weniger Gewicht an der Hinterachse. Allerdings ist auch die

Fahrerfreundlich
Nabenschaltungen sind wartungsarm und erlauben komfortables Radeln.

Reparatur dieser Produkte ein Fall für den Fachmann; die Komplexität des Drahtesels steigt weiter.

Integration ist der Knackpunkt

An einfacheren sowie nachträglich zum Pedelec umgebauten Bikes agiert die Schaltung – gleich, welchen Typs – wie gewohnt unabhängig vom menschlichen und/oder maschinellen Antrieb. Der Fahrer muss sich also Gedanken machen, welchen Gang er für welche Situation wählt und zusätzlich über den Grad der elektrischen Unterstützung entscheiden, das heißt die gewünschte Fahrstufe einstellen (siehe Seite 88). Wie geschildert erlaubt es die Sensorik in Elektromotor und Fahrrad aber, diese Optionen aufeinander abzustimmen, was dem Fahrer Arbeit abnimmt und, da immer die optimale Gangstufe eingelegt ist, für eine effizientere Fortbewegung sorgt. Will man diesen Zusatzkomfort nutzen, müssen physisch getrennte Antriebs- und Schaltkomponenten über kompatible Steuerleitungen verfügen; bei einer Einheit von Motor und Getriebe hängt es vom Hersteller ab, ob er die auch zur optimalen und für den Fahrer entspannten Kraftübertragung nutzt.

Elektrische Schaltunterstützung – der Komfort hat Tücken

Ob Ketten- oder Nabengetriebe, ob Automatik-, stufenlose oder Gangschaltung: Werden diese Komponenten elektrisch/elektronisch betätigt oder kontrolliert, zehrt dies in geringem Maße am Akku, kostet also Reichweite. Ist der Akku leer, ist mit elektrisch unterstützten Getrieben in der Regel kein Gangwechsel mehr möglich, was die Heimfahrt bei aufgebrauchter Batterie mühsam gestaltet.

Meist im Paket
Viele Antriebsanbieter verkaufen Motor, Akku, Sensorik und Display gebündelt.

Antriebe in der Werksausstattung und zum Nachrüsten

Ob neues Pedelec oder Nachrüstung – das Herz eines elektrisch unterstützten Fahrrads ist der Motor.

Kein Wunder, dass sich sowohl die Prospektangaben der Radanbieter als auch die Fachsimpeleien der (potenziellen) Käufer oft genug um den Motor drehen. Tatsächlich greift dies aber zu kurz: Erst mit Stromspeicher (Akku), Sensoren, Getriebe und einem mehr oder weniger aufwendigen Bildschirm, wahlweise auch dem Smartphone, erwacht die elektrische Maschinerie zum Leben.

In der Praxis meint „Motor" fast immer ein Paket, das mindestens aus Motor, Akku und Sensoren besteht. Dennoch nennen Radhersteller oft nur den Typ des von ihnen verbauten Motors, obwohl er Teil eines Systems ist, also etwa nur mit den vom Anbieter vorgesehenen Akkus zusammenarbeitet, sein Austausch gegen ein leistungsfähigeres Exemplar höchstens in engen Grenzen möglich ist. Auch die Sensoren müssen auf die Eigenheiten des jeweiligen Motors abgestimmt sein.

Keine Regel ohne Ausnahme: Manch ein Radhersteller kombiniert in Absprache mit den Zulieferern Komponenten unterschiedlicher Provenienz und verpasst ihnen per Betriebssoftware andere, zum jeweiligen Pedelec-Typ passende Eigenschaften. So kann etwa ein Antriebssystem, dessen Kraft für Tourenräder wie Mountainbikes reicht, je nach Fahrrad verschiedene Charakteristika entwickeln.

Thema mit Variationen
Beide Pedelecs haben einen Mittelmotor, aber den Akku mal im Rahmen (links) oder unterm Gepäckträger (rechts) montiert.

Der deutsche Gesetzgeber hat die Motorisierung von Pedelecs auf 250 Watt begrenzt – dennoch finden Sie in unserer Übersicht (siehe Tabelle Seiten 153 ff.) auch Motoren, die mehr leisten. Verbaut ein Fahrradhersteller ein System eines Lieferanten, ist der Radanbieter dafür zuständig, die Leistung in zulassungsfreien Pedelecs entsprechend zu begrenzen. Einige Modelle unserer Übersicht werden aber auch in S-Pedelecs verbaut oder für Länder mit höherer Maximalgeschwindigkeit konzipiert – in den USA etwa dürfen Pedelecs bis 20 Meilen pro Stunde (32 km/h) mit Motorunterstützung fahren.

Im Abschnitt „Die Antriebskonzepte“ (Seiten 22 ff.) konnten Sie bereits erfahren, dass sich insbesondere Nabenmotoren auch zur Nachrüstung vorhandener Fahrräder eignen – unsere Motorenübersicht ab Seite 153 enthält deshalb die Angabe, ob die Antriebe der Hersteller zum nachträglichen Einbau taugen. Außer zur Nachrüstung kauft man als Verbraucher aber ein vollständiges Pedelec. Ein Blick auf das verbaute System ist natürlich dennoch erlaubt.

→ Unterscheidung vom Wettbewerb – eine Zwickmühle für die Fahrradbauer

Die Elektrifizierung des klassischen Drahtesels ist für die Radanbieter Segen und Fluch zugleich. Einerseits ist der Pedelec-Boom eine willkommene Gelegenheit, neue Zweiräder zu verkaufen, andererseits stammen für die Fahreigenschaften wesentliche Komponenten von einem Zulieferer. Da wird es schwierig, sich von der Konkurrenz abzuheben und – bei identischem Antriebspaket – einen eventuellen Mehrpreis gegenüber den Kunden zu erklären.

Der klassische Fahrradbauer kennt sich mit Mechanik aus, nicht mit Elektronik. Da die verschiedenen Komponenten des Elektroantriebs aufeinander abgestimmt werden müssen, liegt es nahe, von einem der zahlreichen Lieferanten ein komplettes System einzukaufen. Trotzdem können sich zwei Räder mit identi-

Kann Unfrieden stiften
Der E-Motor verschiebt die Wahrnehmung des Kunden weg vom Radhersteller zum Motorlieferanten.

schem Antrieb unterschiedlich fahren. Denn viele Lieferanten offerieren den Fahrradbauern, das Betriebsprogramm der Motorsteuerung an die unterschiedlichen Zweiradgattungen sowie Kundenwünsche anzupassen.

Hat ein Radanbieter pfiffige Mechatroniker und Softwareentwickler im Haus, kann er auch aus frei verfügbaren Komponenten ein individuelles, nur bei ihm erhältliches Antriebspaket zusammenstellen. Nicht alle, aber viele Motoren-, Sensoren- sowie Akkuhersteller nutzen mit dem in der Automobilindustrie gängigen CAN-Bus („Controller Area Network") und der früher an PCs üblichen seriellen Verbindung („UART"; Universal Asynchronous Receiver Transmitter) dokumentierte Schnittstellen, über die sich Antriebskomponenten kontrollieren und deren Werte auslesen lassen. Jeder Fahrradanbieter entscheidet für sich, ob Eigenentwicklungen lohnen oder ein an die eigenen Vorstellungen anpassbares System von der Stange unterm Strich das attraktivere Produkt ermöglicht.

An Pedelecs ist die erlaubte Motorleistung auf 250 Watt begrenzt, durch das verfügbare Drehmoment ergibt sich aber dennoch ein deutlich unterschiedliches Fahrverhalten. Faustregel: Je mehr Drehmoment ein Motor liefert, desto agiler und spurtstärker ist er – aber auch schwieriger zu fahren. Unsichere Radfahrer sollten also zu eher sacht ziehenden Antriebspaketen greifen.

Grundsätzliches zu den Vor- und Nachteilen der verschiedenen Motoren konnten Sie hier bereits kennenlernen – vor allem, dass für von Anfang an auf Elektrobetrieb ausgelegte Fahrräder der Mittelmotor für die meisten Radler und Einsatzgebiete die beste Wahl ist. Zum Erscheinungszeitpunkt dieses Buches ist der deutsche Hersteller Bosch Marktführer bei den Mittelmotoren. Unumstritten ist er allerdings nicht: Die Firma fordert von den Radherstellern, dass das Bosch-Logo gut sichtbar auf dem Antrieb platziert wird. Damit zieht sie den Unmut einiger Fahrradbauer auf sich, weil viele Kunden nicht mehr nach einem Velo von Hersteller XY fragen, sondern nach einem Bosch-Rad. Nicht nur deswegen rechnen sich andere Hersteller von Antrieben Chancen aus, ebenfalls ein Stück vom Kuchen abzubekommen.

Unabhängig von solchen Scharmützeln: Wie wichtig ist bei einem Komplettrad der Hersteller des Antriebs tatsächlich? Viele Faktoren beeinflussen die Gesamtperformance eines Pedelecs, eine universelle Empfehlung ist weder machbar noch sinnvoll. Denn ein Antrieb, der etwa ein Tourenrad mit Zahnriemenantrieb problemlos und zuverlässig voranbringt, kann durchaus problematisch werden, wenn er stattdessen ein Mountainbike mit Kettenschaltung bewegen soll – und umgekehrt. Fahrer, die dauerhaft hohe Motorunterstützung fordern, strapazieren Motor und Akku mehr als solche, die nur bergauf ein wenig Extraschub wollen.

Zudem entwickeln die Hersteller ihre Produkte weiter – Schwachstellen, die Tester wie Anwender an existierenden Modellen einer Firma völlig zu Recht bemängeln, sind in der nächsten Generation oft beseitigt. Im Kapitel „Ein E-Bike kaufen“ gehen wir noch einmal genauer auf die Ansprüche der verschiedenen Fahrertypen ein und erläutern, für wen welche Kriterien des Antriebssystems wichtig sind. Das Herkunftsland des Herstellers oder der Preis des Antriebs lassen jedenfalls keine seriösen Rückschlüsse auf die erwartbare Qualität zu – auch in China versteht man es zwischenzeitlich, solide Produkte zu fertigen.

→ Antriebspaket: Wie viel Volt sind ideal?

Die Mehrzahl der verfügbaren Motorensysteme arbeiten mit einer Betriebsspannung von 36 Volt. Die ersten Hersteller wechseln aber auf 48 Volt. Das hat zwei Gründe: 48 Volt sind in neueren Automobilen gebräuchlich; die Übernahme von Komponenten dieser Branche ist also einfach. Das verspricht weniger Entwicklungs-/Anpassungsaufwand und damit niedrigere Kosten. Der wichtigere Grund ist aber: Die verfügbare Leistung (Formelzeichen: P, wird in Watt angegeben) wird bestimmt durch die Stromstärke I (wird in Ampere beziffert) multipliziert mit der Spannung U (Maßeinheit: Volt). Will man mehr Leistung, kann man also die Stromstärke erhöhen, die Spannung oder beides.

Eine höhere Stromstärke bedingt dickere, damit schwerere und teurere Leitungen, während höhere Spannung nur überschaubare Zusatz-/Sicherheitsmaßnahmen fordert. Höhere Spannung bedeutet also an E-Bikes mehr Leistung mit geringstmöglichem Mehraufwand.

Nachhaltig
Im Prinzip lässt sich ein konventionelles Velo zum Pedelec umrüsten.

Elektroantrieb nachrüsten – wirklich eine Alternative?

Gerade Radfahrer, die viel Geld in ihr Velo investiert haben, sind verständlicherweise wenig begeistert vom Gedanken, erneut mehrere Tausend Euro für ein Pedelec auszugeben.

Die Idee, dem vorhandenen Drahtesel mit einem Nachrüstsatz auf die Sprünge zu helfen, ist also ebenso nachhaltig wie naheliegend – denn genauso entstanden die ersten E-Bikes. In der Praxis ist es aber leider komplizierter – sowohl, was die Technik als auch die Rechtslage angeht.

Fangen wir mit der Technik an: Bereits mehrfach haben wir erwähnt, dass Rahmen, Gabel, Kette, Ritzel und Bremsen eines Pedelecs durch die Elektrounterstützung stärker strapaziert werden. Als Laie ist es sehr schwierig, die Folgen fürs Material abzuschätzen – unter Umständen hat man nicht lange Freude am Stromschub. Eine gerissene Kette als Folge unfachmännischer Nachrüstung ist nur lästig, während der Fahrt brechende Rahmen oder Gabeln hingegen sind gefährlich. In der Branche gelten insbesondere Fahrradrahmen aus Aluminium als heikel: Vor einer Umrüstung sollten diese unbedingt sorgfältig auf Risse kontrolliert werden. Die schwereren Stahlrahmen sind zwar mit Blick auf die Rissbildung unkritisch – aber auch sie können brechen. Wer ein Fahrrad mit Carbonrahmen nachrüsten will, sollte in jedem Fall den Hersteller fragen, ob der Rahmen die zusätzliche Beanspruchung verkraftet.

Wer schon bisher sein Rad selbst gewartet hat, also über ein Mindestmaß an Werkzeug und handwerklichem Geschick ver-

Großer Fächer
Dieser BionX-Heckantrieb ist als Nachrüstsatz beliebt.

fügt, könnte es dennoch mit einem Nachrüstsatz probieren. Sinnvoll für Endverbraucher sind komplette Antriebseinheiten aus Motor, Akku, Sensorik und Display – einzeln sollte man diese Komponenten als Laie nur kaufen, wenn beispielsweise der Motoranbieter ausdrücklich spezifiziert, welche Antriebsteile anderer Hersteller mit seinem Motor harmonieren. Es schadet außerdem nicht, sich vor dem Kauf zu vergewissern, dass auch tatsächlich alle nötigen Bauteile lieferbar sind. Solange diese explizit als „Pedelec-Nachrüstsatz" (zur Selbstmontage typischerweise für 800 bis 1 000 Euro) verkauft werden, bleibt ein damit umgebauter Drahtesel rechtlich ein Fahrrad – man braucht also keine Fahrerlaubnis und verliert auch nicht den Schutz seiner Haftpflichtversicherung. Die Garantie fürs Fahrrad erlischt aber – klugerweise wartet man also mit dem Umbau bis zum Ablauf der Velo-Gewährleistung.

Völlig anders sieht es aus, wenn man aus seinem Fahrrad ein S-Pedelec (siehe auch Seite 18) machen will: Um sich damit im öffentlichen Verkehr zu bewegen, muss der Hersteller – in dem Falle der Eigentümer – die Bauart zulassen, was für einen normalen Radler einen kaum zu leistenden und unwirtschaftlichen Aufwand darstellt. Faktisch bastelt man sich mit Antrieben, die die Pedelec-Grenzen überschreiten, ein flinkes Geländerad, für das öffentliche Straßen tabu sind. Wer das Verbot ignoriert und auffällt, riskiert im harmlosesten Falle ein Bußgeld; wird man mit einem nicht zugelassenen Fahrzeug in einen Unfall verwickelt, steht man ohne Versicherungsschutz da.

Auch wenn Anbieter von Nachrüstsätzen optimistisch damit werben, ein Laie könne die Technik in fünf bis sechs Stunden ins Fahrrad geschraubt haben – wer's schon mal probiert hat, berichtet von praktischen Problemen: Mal passt der Nabenmotor nicht in die entsprechende Aufnahme („Ausfallende"), mal fehlt ein geeigneter Platz für den Akku. Um ein konventionelles Tretlager gegen einen dafür geeigneten Mittelmotor auszutauschen, benötigt man Spezialwerkzeug. Je nach Fahrrad sind beim Umbau ganz profane Dinge wie Fahrradständer oder Schutzbleche im Weg.

Lange Leitung?
Akku und Motor bilden bei diesem Nachrüstsatz eine Einheit – das ganze Fahrrad muss zum Laden in Steckdosennähe.

Weiteres mögliches Problem: Viele Hersteller von Nachrüstkomponenten verkaufen nur an Händler – anders als Laien sind die gerüstet, wenn etwa ein Nabenmotor eingespeicht werden muss. Da Händler rechtlich zu Herstellern werden, ist vielen der gewerbliche Umbau von Kundenfahrrädern zwischenzeitlich zu heikel – allerdings haben sich einige Firmen auf die Nachrüstung konventioneller Fahrräder spezialisiert. Diese kennen typische Probleme beim Umbau und sind erfahren darin, die zu umschiffen. Viele dieser Anbieter lassen sich vorab Bilder des umzubauenden Velos schicken, um abzuschätzen, ob sich das Kundenrad erfolgreich nachrüsten lässt. Ihre Mühen lassen sich die Umrüster mit etwa 1 500 bis 2 000 Euro (einschließlich der Teile) entlohnen – da muss jeder Interessent mit spitzem Stift rechnen, ob sich der Umbau des alten Zweirads lohnt.

Ähnlich teuer sind Komplettumbausätze für Endkunden: Zum Redaktionsschluss etwa erregte das durch Kundenvorschüsse finanzierte „Copenhagen Wheel" einiges Aufsehen. Hier steckt die gesamte Pedelec-Technik samt Akku im Hinterrad, das der Nutzer gegen das vorhandene wechselt. Neben dem Elektro-Hinterrad muss nur noch eine sogenannte Drehmomentstütze am Rahmen angebracht werden – sie hält den Motor in Position, damit die Sensorik richtig arbeitet.

Viele typische Nachrüstprobleme lassen sich mit solchen Konstruktionen tatsächlich umgehen – sie schaffen aber neue. Der Akku ist Bestandteil des Systems und am Ende seiner Lebenszeit nicht durch den Kunden zu tauschen. Zum Laden muss ein derart nachgerüstetes Velo in Steckdosennähe sein. Diese und andere Nachrüstlösungen ohne passenden Bildschirm (passende Steuereinheit) lassen sich oft nur per Smartphone bedienen – dumm, wenn der Akku dieses Geräts während der Tour das Ende seiner Kapazität erreicht. Zudem darf man Unterstützungsstufen und Ähnliches legal nur im Stand schalten – auch auf dem Fahrrad ist die Handynutzung während der Fahrt verboten.

Fazit: Ein gewerblicher Umbau eines vorhandenen Fahrrads dürfte nur bei sehr teuren Velos wirtschaftlich sein. Wer Werkzeug und Geschick hat, um sich selbst an die Nachrüstung zu machen, ist mit Pedelec-Sets rechtlich auf der sicheren Seite, sollte aber vorab äußerst penibel prüfen, ob sich das Fahrrad technisch eignet und ob Einbau-/Befestigungsmöglichkeiten für alle Pedelec-Komponenten vorhanden sind. Und man sollte beim Umrüsten immer auf unangenehme Überraschungen gefasst sein.

Der richtige Umgang mit Akkus

Strom ist der Treibstoff jedes Pedelecs – fehlt der, bleibt nur die Muskelkraft des Radlers. Abseits von Steckdosen oder Ladestationen liefert ein Akku die nötige Antriebskraft.

Die wieder aufladbare Variante der Batterie nennt sich Akkumulator oder kurz Akku. Der Begriff leitet sich vom lateinischen „accumulare" ab, was „anhäufen" oder „sammeln" meint – in diesem Fall das Sammeln elektrischer Energie. Akkus sind keine neue Erfindung – ganz im Gegenteil. Die im Auto noch heute gängigen Bleiakkus entwickelte Wilhelm Josef Sinsteden bereits 1854, die bis etwa zum Jahr 2000 verbreiteten Nickel-Cadmium-Akkus (NiCd) entstanden 1899. Wer technische Geräte aus dieser Zeit kennt, weiß: Viele Bleiakkus wollen regelmäßig gewartet werden, NiCd-Batterien speichern im Verhältnis zu ihrer Größe wenig Strom und leiden unter dem Memory-Effekt. Dieser Begriff meint, dass sich die Batterien eine Teilentladung „merken" und nach dem nächsten Ladevorgang nicht mehr die maximale Energie des Akkus zur Verfügung steht. Nickel-Metallhydrid-Akkus (NiMH) sind für diesen Effekt deutlich weniger anfällig und haben die NiCd-Batterien aus diesem Grunde (und wegen schärferer Umweltvorschriften) fast vollständig verdrängt. Zudem speichern sie mehr Energie als NiCd-Akkus.

Für tragbare Computer, Tablets, Smartphones und eben Pedelecs reicht die Energiedichte von NiMH-Akkus aber nicht. Hier kommen fast durchgängig Lithium-Ionen-Batterien (Li-Ion) zum Zug, das ist der derzeit leistungsfähigste Batterietyp. Innerhalb der Li-Ion-Klasse unterscheiden Tech-

Reichlich Reserven
Akkus mit 500 Wattstunden Kapazität bewegen auch bei längeren Ausfahrten.

niker noch detaillierter nach den jeweils verwendeten Materialien – für den Kunden sind diese Feinheiten aber nicht von Belang.

Viel hilft viel – oder?

Als Käufer hat man auf den verwendeten Akku nur bedingt Einfluss. Die Batteriespannung – üblicherweise 36 oder 48 Volt (V) – ist durch den Motor vorgegeben; die Ladeelektronik des Akkus arbeitet mit der übrigen Pedelec-Sensorik zusammen, deswegen kann das Batteriepack nicht immer einfach durch ein anderes Modell ersetzt werden. Allerdings hat man bei fast allen Radherstellern und Anbietern von Nachrüstsätzen die Wahl zwischen Akkus verschiedener Kapazitäten. Deren Speicherfähigkeit oder Energiegehalt wird in Wattstunden (Wh) angegeben. Gängig sind derzeit Akkus mit Kapazitäten von 500 Wh.

→ Wie viele Wattstunden sind eine Amperestunde?

Manche Batterielieferanten nennen statt des anschaulicheren Wattstunden-Werts die Kapazität in Amperestunden (Ah). Um diese Angabe mit Wattstunden-Werten vergleichen zu können, bedarf es minimaler Rechenkünste: Multiplizieren Sie einfach die Ah-Zahl mit der Spannung des Akkus. Eine Batterie mit 11 Ah Kapazität und 36 V Spannung verfügt folglich über einen Energiegehalt von 396 Wh.

Ein verständlicher Reflex ist es, den Akku mit dem höchsten Energiegehalt zu bestellen, denn davon hängt maßgeblich die erzielbare Reichweite ab. Dennoch ist der größte Akku nicht immer ideal. Erstens sind Akkus mit höherer Kapazität entsprechend etwas schwerer und/oder sperriger, zweitens teurer. Wer sein Pedelec überwiegend für kurze Strecken nutzt und viele Lademöglichkeiten hat, braucht keinen Akku, der über 100 Kilometer durchhält. Andererseits: Akkus altern und verlieren im Laufe der Jahre an Kapazität; auch bei niedrigen Temperaturen liefern sie weniger Energie. Sofern Mehrgewicht und -preis eines größeren Akkus nicht zu stark zu Buche schlagen, kann sich ein kapazitätsstarker Akku auch für Pedelec-Nutzer lohnen, die überwiegend kurze Strecken zurücklegen.

→ Laden am Arbeitsplatz – rechtzeitig klären!

Immer wieder machen Arbeitgeber Schlagzeilen, die Mitarbeiter abmahnen oder gar entlassen, weil diese ihre privaten Handys an Firmensteckdosen aufgeladen haben – auch das Laden eines Elektrorollers, bei dem ein Angestellter Strom für 1,8 Cent entnahm, beschäftigte bereits 2009 ein deutsches Arbeitsgericht.

Fakt ist: Auch das Aneignen geringster Werte kann mindestens eine Abmahnung rechtfertigen – relevant ist nicht der tatsächliche materielle Schaden, sondern ein gestörtes Vertrauensverhältnis. Wer sein Pedelec für den Weg zur Arbeit nutzen will, sollte rechtzeitig mit dem Arbeitgeber klären, ob und wo er es im Betrieb laden kann. Denn unabhängig von den Energiekosten sollen die Elektrofahrräder ja nicht andere Kollegen behindern; sie dürfen auch keine Fluchtwege verstellen. In manchen Firmen ist der Abzug einer Strompauschale vom Lohn vereinbart, wenn Mitarbeiter private Geräte im Büro befüllen wollen.

HÄTTEN SIE'S GEWUSST?

Die großen Batteriehersteller haben sich auf einen neuen Formfaktor für die Größe der Akkuzellen geeinigt – den Typ 21 700 mit 21 mal 70 Millimetern Abmessung. Bisher sind in Pedelec-Akkus die Typen 18 650 (also 18 mal 65 Millimeter) gängig.

Mit der Größe soll die Kapazität steigen – der deutsche Hersteller BMZ verspricht „60 Prozent mehr Kapazität bei gleichzeitig 400 Prozent mehr Entladestrom". Statt bisher rund 500 Ladezyklen sollen die Akkus 1 500 bis 2 000 überstehen, was die Betriebskosten eines E-Velos deutlich senken würde.

Sollten die Batterien halten, was die Hersteller versprechen, sind durch die neuen Zellen bei identischer Batteriegröße größere Reichweiten möglich oder kompaktere Akkus bei gleicher Reichweite wie bisher.

Schlechte Lage ...
An manchen Pedelecs findet der Akku nur im Gepäckträger Platz.

Schon der genannte Aspekt belegt: Allgemeingültige, seriöse Aussagen zur optimalen Akkukapazität sind leider unmöglich – es hängt vom Strombedarf des Motors, vom Grad der gewünschten Motorunterstützung, Art und Länge der hauptsächlich gefahrenen Strecke, vom Wetter und nicht zuletzt vom Gewicht von Fahrrad und Fahrer ab, welche Stromspeicherfähigkeiten richtig für die eigenen Anforderungen sind.

Als Faustregel gilt: Bei mäßiger Motorunterstützung, normalgewichtigem Fahrer (unter 100 Kilogramm) und ebener Strecke fährt ein Pedelec mit 400-Wattstunden-Akku etwa 90 Kilometer elektrisch, das 500-Wattstunden-Modell rund 115 Kilometer. Für Durchschnittsfahrer und -strecken sollte also das kleinere Batteriemodell reichen; für ausgedehnte Touren greift man zum größten verfügbaren Akku.

Alternativ gibt es von einigen Herstellern Pedelecs mit zwei Akkuhalterungen – Bosch nennt es „Dual Battery". Die Idee dahinter: Für den Alltagsbetrieb setzt man nur eine Batterie ins Fahrrad; für längere Touren flanscht man den zweiten Akku an. Die Elektronik des Rades ist auf die zweite Stromquelle vorbereitet und fährt beide Akkus gleichmäßig leer. Zudem ist es komfortabler und sicherer, den Zweitakku am Fahrrad zu transportieren als etwa im Rucksack.

Zum Redaktionsschluss bot Bosch auf seiner Internetseite einen Reichweitenrechner an. Der ist zwar auf die Produkte des Hauses abgestimmt, dennoch lassen sich hier Unterstützungsstufe, Fahrergewicht, Piste und Trittfrequenz variieren und so anschaulich nachvollziehen, wie sehr diese Parameter den Aktionsradius beeinflussen (www.bosch-ebike.com/de/service/reichweiten-assistent).

Der beste Platz für den Akku

Nur, wer ein konventionelles Fahrrad zum Pedelec umbaut, hat – in Grenzen – Einfluss auf den Anbringungsort des Akkus. Für neue Pedelecs trifft der Hersteller die Entscheidung – beim Kauf hilft es aber, die Vor- und Nachteile der verschiedenen Möglichkeiten zu kennen.

Der ungünstigste Platz für einen Akku ist der unter dem Fahrradgepäckträger. Wegen

Gute Lage
Je tiefer die Batterie im Rahmen sitzt, desto weniger beeinflusst sie das Fahrverhalten.

seines hohen Schwerpunkts kann das Pedelec leichter kippen, je nach Modell verträgt das Rad weniger Zuladung. Dennoch sind Gepäckträgerakkus noch an vielen Pedelecs mit Tiefeinsteigerrahmen („Damenrad", mehr dazu im Kapitel „Ein E-Bike kaufen") gebräuchlich, ebenso an Nachrüstsets oder Discountermodellen.

Wie für den Motor ist auch für die Batterie der beste Platz an möglichst tiefer Stelle im Rahmen – dort beeinträchtigt sie die Fahreigenschaften am wenigsten. Zurzeit sitzen die Akkus oft am Unterrohr, also dem Träger des Rahmens, der zum Tretlager führt. Alternativ kann er am Sitzrohr montiert werden. Theoretisch ist die Montage am Unterrohr fürs Fahrverhalten vorteilhafter; in der Praxis verwischen diese Unterschiede aber, denn auch die Art des Fahrrads (und damit der Rahmenkonstruktion), seine Höhe und der Motortyp (siehe Seite 22) wirken sich stark auf die Gewichtsverteilung aus.

In jüngster Zeit kommen Pedelecs auf den Markt, deren Akku nicht am Rahmen befestigt, sondern im Rahmen integriert ist – das wird oft unter dem neudeutschen Begriff „Power Tube" angeboten. Hier ist das Batteriefach Teil des Rahmens. Dass die Pedelec-Optik durch die Integration im Rahmen gefälliger wird, ist sicher ein angenehmer Nebeneffekt dieser Bauart. Die tatsächlichen Vorteile liegen anderswo. Im Rahmen ist der Akku optimal vor Witterung und Steinschlag geschützt, es gibt weniger Ecken, in denen sich Schmutz sammeln kann.

Strom zum Mitnehmen

Aus gutem Grund lassen sich die Akkus fast aller Pedelecs mit wenigen Handgriffen (und dem passenden Schlüssel) vom Fahrrad nehmen – und man sollte sehr genau überlegen, ob man ein Modell kauft, an dem dies nicht möglich ist.

In vielen Fällen ist der Akku das teuerste Bauteil eines Pedelecs, die Diebstahlgefahr entsprechend hoch. Außerdem lässt sich die Batterie wesentlich flexibler laden, wenn sie getrennt vom Fahrrad bewegt werden kann. Zudem sind Akkus Verschleißteile mit begrenzter Lebensdauer. Schon deshalb ist es hilfreich, wenn sie sich problemlos ausbauen lassen.

Wie lange hält die Batterie?

Bei sorgfältigem, sachgerechtem Umgang halten Akkus etwa fünf Jahre durch. Die meisten Hersteller garantieren, dass die Batterie 500 Ladezyklen übersteht; Praktiker berichten von etwa 1 000. Als Ladezyklus gilt eine vollständige Be- und Entladung. Lädt man dreimal eine Batterie, die noch zu zwei Dritteln gefüllt ist, entspricht dies einem Ladezyklus.

Wie bereits kurz erwähnt, verliert der Akku mit der Zeit aber Kapazität – bei der jüngsten Untersuchung der Stiftung Warentest 2016 stellten wir Verluste von bis zu 25 Prozent nach dem 500. Ladegang fest. Beim teuersten Akku des damaligen Testfelds ergab sich ein Akku-Kilometerpreis von 3,4 Cent, die zum Redaktionsschluss gängigen Akkus liegen preislich unter diesem Modell – bei einer typischen Fahrleistung von 35 000 Kilometern und einem Batteriepreis von 500 Euro kostet der Kilometer einschließlich Strom 1,4 Cent.

→ Den Akku mieten?

Ein Pedelec-Hersteller bietet seit Ende 2017 seinen Kunden die Möglichkeit, Akkus zu mieten. Rechnet man Vertragslaufzeit und Monatsmiete zusammen, fährt man damit nicht günstiger als mit einem Kaufakku. Dennoch kann die Miete attraktiv sein: Der Akku muss beim Pedelec-Kauf nicht bezahlt werden, was das E-Bike erschwinglicher macht. Zudem hat man immer einen maximal leistungsfähigen Akku. Im konkreten Fall können die Mieter den Vertrag jederzeit kündigen und den Akku kaufen – das kann aber jeder Anbieter nach seinen Vorstellungen gestalten. Es kommt auf die Preise und Vertragsdetails an. Ob sich die Akku-Miete lohnt, das muss man für jeden Einzelfall durchrechnen.

Wie geht man richtig mit dem Akku um?

Nicht nur, um die Batterie bequem zu laden, ist es wichtig, dass sie sich einfach vom Fahrrad trennen lässt. Akkus mögen weder Hitze noch Kälte und quittieren extreme Temperaturen mit geringerer Kapazität – vor prallem Sonnenlicht sollte man sie also ebenso schützen wie vor klirrender Kälte. Die entsprechenden Angaben der Hersteller sollte man auf jeden Fall beachten. Typisch sind

- Betriebstemperaturen von –10 bis 45 °C,
- empfohlene Ladetemperaturen von 10 bis 30 °C,
- erlaubte Ladetemperaturen von 0 bis 45 °C und
- Lagertemperaturen von 15 bis 20 °C.

Im Hochsommer wie Winter sollten die Batterien also unabhängig von Ladewünschen jeweils aus dem Pedelec genommen werden, wenn das Rad den Außentemperaturen ohne Schutz ausgesetzt ist. Will man den Akku laden, nachdem er im Freien Hitze oder Kälte ausgesetzt war, empfiehlt es sich, ihn erst auf Raumtemperatur kommen zu lassen, bevor man ihn mit dem Ladegerät verbindet. Einige Zubehörhersteller offerieren bereits Thermoshüllen für die gängigen Akkutypen.

Wie bereits erwähnt, ist Lithium-Ionen-Akkus der Memory-Effekt weitgehend fremd, viele Hersteller empfehlen ausdrücklich, die Akkus bei jedem Stopp zu laden, auch wenn sie noch zu einem Drittel oder mehr gefüllt sind.

Je nach Anbieter ist es für eine korrekte Anzeige des Batteriestands und der entsprechenden Restreichweite am Radcomputer/Bildschirm nötig, direkt nach dem Kauf und in meist halbjährlichem Abstand sogenannte „Lernzyklen" durchzuführen. Dabei wird ein vollgeladener Akku einmal bis zum Aussetzen des Elektroantriebs leergefahren, aber nicht bis zur Tiefentladung.

Viele Akkus schalten nach einiger Zeit der Nichtbenutzung in einen sogenannten Schlafmodus, um eine Tiefentladung zu verhindern, denn diese vollständige Entleerung kann den Akku schädigen oder sogar zerstören. Auch lassen sie sich manuell in den Schlafmodus versetzen, wenn man den Akku für längere Zeit lagern will. Details handhabt jeder Hersteller unterschiedlich – das Handbuch weiß mehr.

Akkus in Mountainbikes oder anderen Geländefahrrädern verkraften zwar die mit diesen Pedelecs erwartbaren Erschütterungen – generell sollten die Batterien aber von Stößen aller Art so weit wie möglich verschont bleiben. Dazu gehört, sie beim Einsetzen oder Herausziehen gut festzuhalten, damit sie nicht hart auf die Erde fallen, und beim Pedelec-Transport per Pkw die Akkus vorher auszubauen.

Nach einem Sturz oder Zusammenstoß ist ein Kontrollblick auf den Akku unerlässlich. Zeigen sich Schäden, empfiehlt es sich, ihn sofort von der Fahrradelektronik zu trennen und die Reststrecke ohne Motorunterstützung zurückzulegen. Ein Fachmann sollte kontrollieren, ob die Batterie nur kosmetische Blessuren davongetragen hat oder tatsächlich defekt ist. Mutmaßlich beschädigte Akkus dürfen nicht per Paket verschickt werden!

Auch in Passagierflugzeugen kommen Elektrofahrräder mit Akku nicht mit. Für den Urlaub ist es aus diesem Grund sinnvoller, vor Ort nach einem Pedelec-Verleih zu schauen. Wer in ferne Länder zieht und sein Hab und Gut mitnehmen will, kann den E-Bike-Akku ausbauen und separat als Gefahrgut der Klasse 9 verschicken, sofern dieser nach der UN-Transportklasse T38.3 spezifiziert ist.

Generell sind aufladbare Batterien deutlich ungefährlicher als etwa der Kraftstofftank eines Pkw oder der Gashahn in der Küche. Dennoch: Bei Schäden oder unsachgemäßem Umgang können sie brennen oder platzen. Ein CE-Kennzeichen garantiert ein Mindestmaß an Sicherheit, viele Batteriehersteller unterwerfen sich dem freiwilligen Prozedere der Batso (Battery Safety Organization). Einige Markenhersteller prüfen die Sicherheit ihrer Akkus allerdings unabhängig von diesem Verband – das Fehlen eines Batso-Siegels bedeutet nicht zwangsläufig unsichere Technik.

→ Schnellladung – eine sinnvolle Alternative?

Ein leerer 500-Wattstunden-Akku ist bei konventioneller Betankung nach etwa viereinhalb bis fünf Stunden vollgeladen. Da liegt die Versuchung nahe, mit Schnellladegeräten von Drittanbietern diesen Vorgang zu verkürzen. Tatsächlich sollte man derartige Tricksereien nach Möglichkeit vermeiden. Je nach Akku verliert man die Gewährleistung, wenn ein anderes als das Herstellerladegerät verwendet wird – ein Blick in die Garantiebedingungen und/oder die Bedienungsanleitung hilft. Nach Ablauf der Garantie mag manchem der rechtliche Aspekt gleich sein, es besteht aber bei der Nutzung fremder Ladegeräte Brand- und Beschädigungsgefahr. Selbst, wenn der Hersteller für sein Ladegerät einen Ladeturbo vorsieht, sollte man auf ihn nur zurückgreifen, wenn es gar nicht anders geht, denn eine Schnellladung bedeutet für jede Batterie mehr Stress und damit eine kürzere Lebensdauer.

Ersatzbatterien und Entsorgung

Batterien altern auch dann, wenn sie nicht benutzt werden. Gleich, ob man sich auf dem Gebrauchtmarkt oder bei einem Händler umsieht: Der Blick aufs Produktionsdatum der Batterie ist unerlässlich. Sofern der Preis stimmt und die Akkus nicht zu betagt sind, kann man durchaus zu älterer/gebrauchter Ware greifen – vor allem, wenn diese Akkus nur als Reserve für längere Touren mitgenommen werden.

Wie bei allen anderen Ersatzakkus ist auch beim Kauf neuer Pedelec-Batterien Vorsicht geboten – gefälschte Akkus stellen nicht nur selbst eine Gefahrenquelle dar, sie können auch die übrige Pedelec-Technik in Mitleidenschaft ziehen. Bei Handyakku-Testkäufen eines Computermagazins im Jahr 2015 etwa fanden sich bei einem großen Internetversender ausschließlich Plagiate. Bei äußerlich gut gemachten Nachbauten hat man als Normalverbraucher wenig Chancen, eine Fälschung zu erkennen. Ein außergewöhnlich niedriger Preis ist immer ein Warnsignal, teilweise finden sich Hinweise zur Plagiatserkennung auf den Internetseiten der Originalhersteller. Der sicherste, wenn auch meist teuerste Weg führt bei Batterien tatsächlich zum Fachhändler – der kann die Seriosität seiner Lieferanten einschätzen und muss geradestehen, sollte er Kunden aus Versehen oder Absicht minderwertige Ware verkauft haben. Nebenbei nimmt er auch den alten Akku zurück – wie alle Batterien gehören auch E-Bike-Akkus am Ende ihres Lebens nicht in den Hausmüll. Bei einer sachgemäßen Entsorgung – neben Händlern nehmen auch die meisten kommunalen Wertstoffhöfe leere Batterien an – besteht eine hohe Wahrscheinlichkeit, dass die Materialien für neue Batterien wieder verwendet werden, die Umweltbelastung also gering bleibt.

→ Brennstoffzellen – ist die Zeit der Akkus schon vorüber?

Ob für Züge oder Autos – für viele Elektrofahrzeuge werden Brennstoffzellen als Alternative zu Akkus gehandelt. Für Pedelecs demonstrierte das deutsche Unternehmen Linde Ende 2015 Prototypen, seit November 2017 verkauft der Anbieter Pragma Industries aus Frankreich sein Alpha 2.0 genanntes E-Bike. Zielgruppe sind allerdings gewerbliche Nutzer, also Anbieter von Leihrädern oder Firmen mit großem Betriebsgelände.

In Brennstoffzellen reagiert Wasserstoff mit Luftsauerstoff, wobei Strom und als Abfallprodukt Wasserdampf entsteht. Eine einer typischen Pedelec-Akkuladung vergleichbare Reichweite lässt sich bei Linde in 6 Minuten tanken, Pragma gibt für sein Fahrrad sogar nur 2 Minuten an. Anders als Akkus liefern Brennstoffzellen (nach dem englischen Fuel Cells auch FC abgekürzt) selbst bei winterlichen Temperaturen maximale Energie; sofern der zur Gewinnung des Wasserstoffs nötige Strom aus erneuerbaren Energien stammt, ist die FC-Umweltbilanz hervorragend.

Wasserstoff ist allerdings ein explosives und flüchtiges Gas, seine Lagerung ist schwierig. Pragma konzentriert sich deshalb auf gewerbliche Anwender, weil es sich für diese rechnet, die entsprechende Infrastruktur mit speziellen Zapfsäulen aufzubauen. Auch der Preis von rund 7 500 Euro pro Velo dürfte selbst solventen Pedelec-Freunden zu hoch sein.

Mittelfristig könnte die FC-Technik für Normalverbraucher interessant werden – die Sicherheit der Wasserstofftanks ist kein Problem mehr. Zieht die Technik in Autos ein, dürfte sie auch im Pedelec-Markt Anwendung finden. Zurzeit sind Brennstoffzellen aber noch keine praktikable Alternative zu Akkus.

Schlicht und einfach
Dieses Display zeigt alle wichtigen Informationen während der Fahrt an.

Der Kontrollbildschirm

Zu fast jedem Pedelec oder E-Bike gehört ein im Branchenjargon meist Display genanntes Kombiinstrument. Allein für diese Komponente ist die Auswahl mancher Anbieter überwältigend.

Nur an dem ein oder anderen Nachrüstsatz, Billigangebot oder alten Modell findet sich statt eines Displays noch eine Reihe mit ein paar Leuchtdioden (LEDs). Diese informieren nur sehr rudimentär über den Ladestand des Akkus und die gewählte Unterstützungsstufe. Bei Sonnenschein ist nur schwer zu erkennen, ob die LEDs tatsächlich leuchten oder nicht. Selbst Elektroradler mit bescheidenen Ansprüchen sollten bei einem Neukauf derart dürftig ausgestattete Pedelecs links liegen lassen.

Zeitgemäße Displays werden an Vorbau oder Lenker angebracht; zu ihnen gehört eine Steuereinheit, die idealerweise so platziert ist, dass sie mit der Hand am Lenker bedient werden kann. Hier sind die Schalter für die Fahrstufensteuerung angebracht, je nach Modell schaltet man per Steuereinheit durch die verschiedenen Anzeigemodi. Alternativ befinden sich die Tasten am Rand des Displaygehäuses. Die luxuriösesten Varianten arbeiten mit berührungsempfindlichem Bildschirm – dieser ergänzt die Steuereinheit, ersetzt sie aber nicht. Sind Display und Bedieneinheit mit konventionellen Tasten ausgestattet, sind deren Größe und definierter Druckpunkt wichtig – auch mit dicken Handschuhen will man das Pedelec ja sicher bedienen können.

Passive Displays

Praktisch alle verfügbaren Bildschirme für Pedelecs zeigen die Informationen mit Flüssigkristallen (LCD, Liquid Crystal Display)

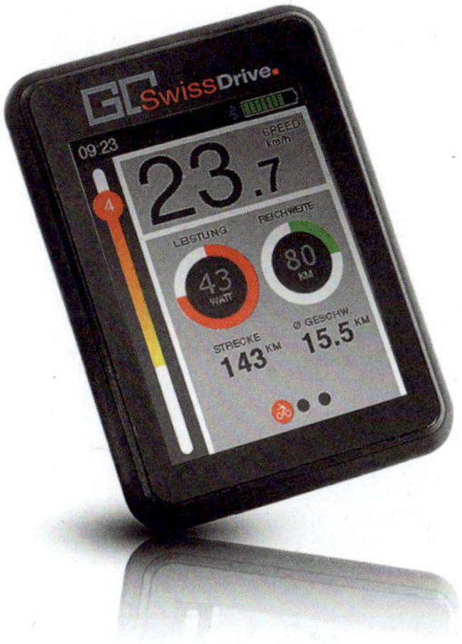

Farbfernsehen
Aufwendigere Bildschirmtechniken stellen viele Informationen detailliert dar.

an. Diese Art LCD zeigt schwarze Balken auf grauem Grund. Die Technik ist günstig und robust, komplexere Schriftzüge oder gar Grafiken zeigen passive LCDs aber nur sehr unvollkommen an. Zwar kann man auf Basis der Passivtechnik auch Farbbildschirme bauen; wegen der deutlich besseren Qualität bleibt in der Praxis Farbe aber fast ausschließlich den TFT-LCDs vorbehalten.

Aktive (TFT-)Displays

Auch die aktiv genannten Bildschirme basieren auf Flüssigkristallen. Hier sitzt aber hinter jedem sichtbaren Bildpunkt („Pixel") ein Miniatur-Transistor (daher die englische Abkürzung TFT: Thin-film Transistor, also Dünnschichttransistor). So lässt sich jeder Bildpunkt präzise ansteuern, ohne dass benachbarte Pixel Geisterbilder zeigen. TFT-Displays sind daher ideal für eine klare Darstellung von Landkarten und anderen hochaufgelösten Informationen.

Die Lesbarkeit der Anzeigen

Passive wie aktive Flüssigkristallanzeigen leuchten nicht selbst, sie benötigen Umgebungslicht, um ein sichtbares Bild zu zeigen. Fürs Fahrrad sind transreflektive Bauarten ideal – sie reflektieren das Tageslicht durch die LC-Schicht des Bildschirms. So ist die Anzeige auch bei Sonnenschein gut erkennbar, ohne Strom zu verbrauchen.

Bei Nacht brauchen LCD-Displays aber eine eigene Lichtquelle. Die meisten Bildschirme schalten dank eines Sensors bei Dunkelheit automatisch eine Hintergrundbeleuchtung zu – idealerweise kann man deren Helligkeit selber regeln.

Was zeigen die Displays an?

Absolutes Minimum ist die Darstellung von Unterstützungsstufe und Ladestand des Akkus. Auf den meisten aktuellen Einsteigerbildschirmen Standard sind die Anzeigen von Geschwindigkeit und voraussichtlicher Restreichweite. Auch die zurückgelegte Strecke gehört zum gängigen Display-Repertoire; mit entsprechendem Zubehör sogar die Herzfrequenz des Fahrers. Die meisten Bildschirme signalisieren auch, ob das Licht aktiviert ist oder nicht, zudem lässt es sich übers Display oder dessen Steuereinheit ein- und ausschalten. Die mehrere 100 Euro teuren Display-Topmodelle einiger Anbieter bringen dank GPS-Empfänger (Global Positioning System) eine autarke Navigationsfunktion mit.

Wichtig ist immer, dass die Anzeige gut gegliedert ist und relevante Zahlen sofort erkennbar sind – dazu gehört auch eine eingängige Menüstruktur.

Benötige ich überhaupt Display und Steuereinheit?

Reicht nicht auch mein Smartphone? Im Zeitalter allgegenwärtiger „Mobilcomputer" mag ein eigener, bei gehobener Ausstattung nicht ganz billiger Bildschirm überflüssig erscheinen. Manches Antriebspaket verfügt ab Werk über Bluetooth-Kurzstreckenfunk und die übrige Technik, um mit Smartphones zu kommunizieren. Also einfach das Handy in eine Lenkradhalterung klemmen und losfahren? Eher nicht.

Denn ein ständig aktiver Bildschirm saugt den Handyakku schnell leer – nur, wenn sich das Smartphone per USB vom E-Bike-Akku speisen lässt, bleibt die kontrollierte Unterstützung durch den Motor zuverlässig bedienbar.

Weitere Schwachpunkte: Typische Smartphonedisplays sind bei Sonnenlicht wegen der Spiegelungen schwer zu lesen. Und mit einem Fahrrad kann man immer stürzen; bei Geländefahrten besteht die Gefahr von Steinschlag, die wenigsten Smartphones sind wasserdicht – will man ein unter Umständen mehrere 100 Euro teures Handy diesen Gefahren aussetzen?

Zudem gibt es Menschen, die zwar ein Mobiltelefon haben, sich aber, wegen der längeren Akkulaufzeit oder weil sie schlicht kein Interesse haben, für ein klassisches Pedelec ohne „smarte" Technik entscheiden.

Schließlich ist auch die Gesetzeslage in Deutschland eindeutig: Auf dem Fahrrad ist das Hantieren am Handy während der Fahrt verboten – selbst, wenn man nur schauen will, wie spät es ist. Die Konsequenz: Nur im Stand lassen sich Unterstützungsstufen wählen oder Routen eingeben. Als alleiniges Anzeige- und Bedienelement ist ein Smartphone fürs Pedelec also grenzwertig – als Option und Ergänzung eines konventionellen Displays eine feine Sache.

Viele aktuelle Displays sind deswegen darauf vorbereitet, Smartphones per USB-Kontakt mit Strom zu versorgen, die abgezweigte Energie macht sich bei der Reichweite nur minimal bemerkbar. Ein kompaktes, günstiges Passivdisplay mit Steuereinheit erledigt dann alle wichtigen Aufgaben autark, für Komfortfunktionen wie Navigation oder Fitness-Apps ist das Handy zuständig – sofern man das Risiko der Beschädigung in Kauf nimmt. Manch ein Pedelec-Fahrer minimiert es, indem er beispielsweise die gewünschte Route eingibt, das Smartphone in Rucksack oder Jackentasche steckt und sich den Weg über den Lautsprecher ansagen lässt. Andere Displaykonzepte bestehen aus einem tageslichttauglichen,

Symbiose
Smartphone und Display können sich für mehr Komfort ergänzen.

aber „dummen" Bildschirm, der mit dem Smartphone gekoppelt wird – das bleibt dann ebenfalls im sicheren Rucksack, berechnet dort die Routeninformationen und gibt sie per Funk zur Anzeige an das Display.

Einige Displays können sich auch per ANT verbinden – der Navi-Hersteller Garmin entwickelte diese Nahfunktechnik speziell für Geräte wie Pulsmesser, Fitnessarmbänder und Ähnliches.

→ Mehr Radvernetzung mit CoBi

Im Jahr 2014 entstand aus der Idee eines vernetzten Fahrrads („Connected Biking") die CoBi GmbH. Deren System fasst viele der geschilderten Funktionalitäten von Pedelec-Technik und Smartphone zusammen.

Strom für die Displays

Displays, die als universelle Ergänzung mit verschiedenen Antrieben harmonieren, speisen sich meist aus einer eigenen Knopfzelle. Diese sind sehr langlebig, bei Bedarf ist es aber hilfreich, wenn sie sich ohne Werkzeug ersetzen lassen. Eine Variante dieser Technik ist ein ins Display integrierter Akku, der sich aus dem Hauptakku speist. Batterie- wie Akku-Variante haben den Vorteil, dass das autarke Display wichtige Daten behält, wenn man es vom Pedelec trennt.

Alternativ versorgt der Pedelec-Akku das Display direkt, was bei den einfacheren Varianten ausreicht. Wenn sie nur Werte wie Geschwindigkeit oder Ladezustand anzeigen, gehen keine Informationen verloren, wenn der Bildschirm vorübergehend von der Stromversorgung getrennt wird.

Wie sicher sind Displays im Alltag?

Selbst an älteren Pedelecs ist nach den Erfahrungen vieler Praktiker schlechtes Wetter kein Problem – die Bildschirme versagen auch nach starkem Regen nicht. Wer es genau wissen will, achtet auf die sogenannte Schutzklasse „IP XY". Die erste Ziffer (X) zeigt jeweils den Fremdkörperschutz an, die zweite (Y) die Wasserfestigkeit.

Die meisten Displays lassen sich mit wenigen Handgriffen auch abnehmen – sinnvoll, bevor es Langfinger oder Vandalen tun.

Lebensrettend
Gute Bremsen machen im Falle eines Falles den entscheidenden Unterschied – sie können Leben retten.

Bremsen fürs (S-)Pedelec

Bisher war vor allem von der durch Elektroantrieb möglichen Spurtstärke und Agilität die Rede. Aber ohne wirksame Verzögerung verfliegt die Freude am flinksten E-Bike sehr schnell.

Glücklicherweise stehen auch für Pedelecs leistungsfähige Bremsen zur Verfügung – selbstverständlich sind sie aber nicht. Bei der zu berücksichtigenden Maximalgeschwindigkeit stellen (S-)Pedelecs keine höheren Anforderungen an Bremsen als solche für konventionelle Fahrräder – bergab erreicht auch ein untrainierter Fahrer Geschwindigkeiten von 50 km/h und mehr. Auch aus diesem Tempo müssen die Bremsen ein Zweirad schnell und sicher zum Stehen bringen können. Allerdings verlangt das höhere Gewicht den Verzögerungselementen mehr Standfestigkeit ab als denjenigen für motorlose Velos – was in der Vergangenheit nicht alle Hersteller boten. Noch 2011 bemängelten ADAC und Stiftung Warentest in einer Gemeinschaftsuntersuchung die schwachen Bremsen vieler Produkte. Beim letzten Test im Jahr 2016 musste die Stiftung Warentest immerhin noch an drei von fünfzehn Rädern schlechte Bremsen konstatieren. Ein Blick auf diese höchst sicherheitsrelevante Pedelec-Komponente lohnt sich also durchaus. Wie bei vielen Dingen entscheidet letztlich aber nicht das Funktionsprinzip einer Bremse und dessen theoretische Vorteile über die Wirksamkeit, sondern die praktische Umsetzung, sprich: die verwendeten Materialien und deren Qualität.

Und: An keinem anderen Bauteil eines Fahrads – gleich, ob mit oder ohne Elektrounterstützung – rächt sich nachlässige Wartung eher und im Zweifelsfalle mit gravierenderen Folgen als an den Bremsen.

Bremsen an der Felge
Selbst das teure Hochleistungs-Triathlon-Rad ist mit Felgenbremsen ausgestattet.

Bremsen per Rücktritt

Technisch handelt es sich um eine in der Hinterradnabe untergebrachte Bremse. Tritt der Fahrer rückwärts in die Pedale, bremst das Hinterrad. Dazu werden Walzen oder Scheiben gegen das Innere der Radnabe gedrückt. Rücktrittbremsen gelten als robust, zuverlässig und wartungsarm; zudem arbeiten sie witterungsunabhängig. Sie sind allerdings technisch ausgereizt, ihre Bremswirkung im Vergleich zu anderen Prinzipien mäßig. Reißt die Kette während der Fahrt, lässt sich die Rücktrittbremse nicht mehr betätigen. Aktuell spielt sie nur noch im deutschen und schwedischen Markt eine Rolle – dort ist sie an Stadt- und Tourenrädern beliebt. Fahrräder müssen mit zwei unabhängigen Bremsen ausgestattet sein. Velos mit Rücktrittbremse haben an den Vorderrädern deshalb in der Regel Felgen- oder Scheibenbremsen. Welche Motoren beziehungsweise Antriebspakete sich mit Rücktritt kombinieren lassen, lesen Sie auf Seite 22 beziehungsweise in den Tabellen ab Seite 153.

Felgenbremsen

In einfacher Form ist dieser Bremsentyp schon seit Jahrzehnten an Fahrrädern gängig. Gummiklötze werden seitlich gegen die Flanken der Radfelgen gedrückt und verzögern so die Räder. Die im aktuellen Sortiment gängige Felgenbremse nennt sich Cantilever. Das ist das englische Wort für Ausleger – gemeint ist der sogenannte Bremsarm. Die einfachere Variante der Felgenbremse wird per Seilzug betätigt, seit einigen Jahren finden sich im Handel auch Systeme mit effektiverer hydraulischer Kraftübertragung.

Felgenbremsen sind vergleichsweise günstig, die Seilzugvarianten auch von Laien gut zu warten. Dadurch, dass sie am Radrand greifen, bremsen sie mit großer Hebelwirkung und damit effektiv. Bei Regen- oder Geländefahrten beeinträchtigen Nässe und Matsch auf den Felgen aber die Bremswirkung. Läuft das Rad wegen nachlässiger Montage oder einer Unwucht nicht rund, fehlt der Felgenbremse ein Teil der Angriffsfläche. Zudem wird bei diesem Bremsentyp die Felge, auf der der Bremsbelag greift,

Kaum schmutzanfällig
Scheibenbremsen begannen ihren Siegeszug an Mountainbikes.

zum Verschleißteil. In der Praxis erleben zwar viele Fahrräder das Ende der Lebensdauer der Felge nicht, aber theoretisch ist sie nach einigen 10 000 Kilometern so weit abgeschliffen, dass sie ausgetauscht werden sollte. Bei Dauerbremsen auf langen Abfahrten kann die Felge zudem so heiß werden, dass der Schlauch im Reifen platzt. Diese Gefahr betrifft allerdings hauptsächlich Carbonlaufräder, die nur selten in Pedelecs verwendet werden.

Felgenbremsen werden an vielen aktuellen Pedelecs verbaut – gerade die hydraulischen Varianten bremsen auch schwerere E-Bikes zuverlässig.

Scheibenbremsen

Im Pkw sind sie seit Jahrzehnten Stand der Technik – seit einigen Jahren erobern sie auch Fahrräder. Wegen der Schmutz- und Nässeempfindlichkeit von Felgenbremsen wurden Scheibenbremsen zunächst für Mountainbikes genutzt, heute findet man sie an fast allen Fahrradgattungen. Auf der Radnabe ist eine Bremsscheibe angebracht. In einem Sattel montierte Kolben drücken bei Bedarf Bremsbeläge auf die Bremsscheiben und verzögern so das Pedelec. Die meisten Scheibenbremsen werden per Hydraulik betätigt; gelegentlich finden sich noch Modelle, die per Seilzug kontrolliert werden. Letztere arbeiten meist mit nur einem Kolben, der einen Bremsbelag gegen die Bremsscheibe und diese an einen dahinterliegenden, starr montierten zweiten Belag drückt. In hydraulischen Anlagen sind hingegen zwei Kolben Standard – sie pressen die Bremsbeläge gleichmäßig gegen beide Seiten der Bremsscheibe und verzögern dadurch besser. In schweren S-Pedelecs und solchen, die hauptsächlich in bergigen Gegenden gefahren werden, kommen auch moderne Vierkolbenbremsen zum Einsatz. Je nach Ausführung drücken je zwei Kolben auf einen entsprechend großen Bremsbelag oder die vier Kolben auf vier (zwei auf jeder Seite der Bremsscheibe) Beläge, was gegenüber den Zweikolbenbremsen die Verzögerung nochmals verbessert. Innerhalb ihrer Produktgattung gehören die Vierkolbenbremsen allerdings auch zu den teuersten, an normalgewichtigen Tourenrädern und

Mehr Sicherheit
Im Herbst 2018 will Bosch ein Antiblockiersystem für E-Bike-Bremsen anbieten.

Mountainbikes und für normalgewichtige Fahrer ist ihr Einsatz überzogen.

Mit Scheibenbremsen lässt sich die Bremskraft präzise dosieren. Sie verzögern im Allgemeinen sehr zuverlässig – speziell auch bei Regen beziehungsweise auf feuchtem Untergrund. Sie sind allerdings auch teurer als andere Bremsentypen und verlangen für die Wartung nach Spezialwerkzeug.

→ Mehr Sicherheit durch ABS?

In neuen Pkw ist das elektronische Antiblockiersystem, kurz: ABS, seit mehr als einem Jahrzehnt Standard. Beim Bremsen überwachen Sensoren die Räder und verhindern, dass sie blockieren, wodurch der Wagen auch bei einer Vollbremsung lenkbar bleibt. Für den Herbst 2018 werden die ersten Pedelecs erwartet, die ein vergleichbares System in E-Velos integrieren. Entwickelt wurde es von Bosch zusammen mit dem Bremsenspezialist Magura – abgeleitet aus dem Antiblockiersystem, welches der Hersteller schon seit längerem für Motorräder verkauft. Anders als dieses (oder das in Pkw) wirkt das System für Pedelecs nur auf die vordere Bremse, was laut Bosch aber diejenige ist, die am häufigsten Stürze verursacht, wenn sie falsch dosiert wird. Das ABS erkennt nicht nur eine drohende Radblockade, sondern auch einen bevorstehenden Überschlag des Zweirads („Hinterrad-Abheberegelung"). Die neue Technik bringt etwa 800 Gramm zusätzlich auf die Waage und soll Pedelecs um rund 500 Euro verteuern.

e bikemanufaktur
15 ZEHN
CHAINGLIDER

Ein E-Bike kaufen

Kein Händler kann tatsächlich alle Pedelec-Modelle in seinen Geschäftsräumen vorführbereit halten, auch Internetversender konzentrieren sich meist auf ausgewählte Produkte.

Wie also das beste Pedelec für die persönlichen Bedürfnisse finden?

Der wichtigste Rat zuerst: Vor dem Kauf eines Pedelecs sollten Sie so viele Modelle Probe fahren, wie Sie können. Pedelecs fahren sich anders als motorlose Drahtesel. Sowohl zwischen den verschiedenen Antrieben als auch im Vergleich zu konventionellen Velos können sich die Fahreigenschaften drastisch unterscheiden. Tests treffen Aussagen zur Qualität des Angebots – aber das Pedelec mit dem besten Gesamtergebnis ist nicht zwingend das, das Ihren Bedürfnissen optimal entspricht. Schließlich muss auch der Preis für Sie erschwinglich sein – das beste Pedelec zu kennen nutzt nichts, wenn man es sich nicht leisten kann.

Viele Händler vermieten Pedelecs gegen Gebühr übers Wochenende. Sollten Sie sich für ein Gefährt entscheiden, verrechnen sie mitunter die Miete mit dem Kaufpreis. Auch Leasing bieten viele Pedelec-Händler an. Messen, Bike-Festivals und spezielle Testveranstaltungen der Hersteller sind ebenfalls eine gute Möglichkeit, sich einen Eindruck vom Angebot zu verschaffen.

Tiefeinsteiger (links)
Dieser Rahmentyp eignet sich für Stadt- und Touren-Pedelecs.

Diamantrahmen (Mitte)
Diese Bauart offeriert maximale Stabilität bei geringstem Gewicht.

Guter Kompromiss – das Trapez (rechts)
Dieser Rahmen ist noch bequem beim Aufsitzen und dennoch verwindungssteif.

Der richtige Rahmen

Pedelecs stammen von konventionellen Fahrrädern ab – es ist also wenig verwunderlich, wenn sich in diesem Markt dieselben Grundtypen tummeln.

Grob lassen sich drei Rahmenbauformen unterscheiden: Tiefeinsteiger („Damenrad"), Diamantrahmen („Herrenrad") und der Trapezrahmen als Kreuzung aus Tiefeinsteiger und Diamantrahmen.

Tiefeinsteiger

Der Name sagt es schon: Auf Rädern mit Tiefeinsteigerrahmen ist der Sattel ohne Verrenkungen erreichbar. Je nach Modellvariante führen ein oder zwei Rahmenrohre vom Lenker zum Tretlager. Sie tragen die Hauptlast von Rad und Fahrer. Durch die tiefliegenden Rohre muss man kein Bein heben, um auf den Sattel zu steigen, sogar mit Rock ist der Einstieg bequem. Tiefeinsteiger sind ideal für kleine oder nicht ganz so bewegliche Menschen. Sofern der Hersteller die Rohre eines Tiefeinsteigers korrekt dimensioniert, ist diese Rahmenkonstruktion solide – allerdings ist sie nicht so verwindungssteif wie andere Rahmentypen, was sich negativ auf die Fahreigenschaften auswirkt. Speziell für Pedelecs, die hauptsächlich abseits befestigter Straßen fahren sollen, ist der Tiefeinsteiger deswegen nicht ideal.

Im letzten Test von Tiefeinsteiger-Pedelecs von 2016 wurden mehrere Modelle wegen deutlicher Mängel bei Sicherheit und Haltbarkeit mit „mangelhaft" bewertet. Es gab in den vergangenen Jahren auch Rückrufaktionen von Pedelec-Herstellern wegen Rissen im Tiefeinsteigerrahmen. Die im Jahr 2015 betroffenen Sparta Einrohrrahmen der Modelle Ion RX, RX+ und RXS+ waren in

Lenkernähe durchbohrt. Durch die Öffnung wurden Kabel in das Rahmeninnere geführt. Solche Kabeldurchführungen sind potenzielle Schwachstellen. Sie werden durch aufgeschweißte Bleche entsprechend verstärkt. Bei den Sparta-Rahmen reichte die Verstärkung aber offenbar nicht aus: In den Schweißnähten der Verstärkung konnten Risse auftreten und im Extremfall zu gefährlichen Stürzen führen.

Diamantrahmen

Diese Bauart ist der Klassiker unter den Rahmen. Der etwas irreführende Name leitet sich nicht vom Material, sondern der dem Edelstein ähnelnden Geometrie dieses Rahmens ab – je ein Rohr führt von Lenker beziehungsweise Sattel zum Tretlager, ein weiteres vom Sattel zum Lenker. Diese Form verspricht beste Stabilität bei geringstem Gewicht. Das Aufsteigen auf Pedelecs mit Diamantrahmen ist etwas beschwerlicher, weil man ein Bein über das von Sattel zu Lenker führende Oberrohr heben muss. Eine moderne und heute überwiegend eingesetzte Variante des Diamantrahmens ist der Sloping-Rahmen (von englisch „slope“ = Gefälle, Neigung). Hier fällt das Oberrohr zum Sattelrohr hin leicht ab. Wesentlicher Vorteil dieser Bauart für den Hersteller ist es, dass er mit weniger Rahmengrößen, meist eingeteilt in „S“, „M“ und „L“, ein breites Kundenspektrum bedienen kann. So lassen sich die Produktionskosten deutlich senken.

Trapezrahmen

Trapezrahmen kombinieren die Vorzüge von Tiefeinsteiger und Diamantrahmen. Statt eines Querrohrs zwischen Lenker und Sattel haben sie Schrägrohre. Eines führt, wie an anderen Rahmenkonstruktionen auch, von Lenker zum Tretlager, ein zweites verläuft oberhalb dieses Rohrs vom Lenker geradlinig zum Sitzrohr. Hier ist das Aufsitzen nicht ganz so komfortabel wie beim Tiefeinsteiger, aber immer noch bequemer als bei einem Diamantrahmen. Durch die geraden Rohre ergibt sich ein guter Kompromiss aus Gewicht und Verwindungssteifheit.

Qual der Wahl
Citybike, kompaktes Klapprad und Sportmaschine – alle gängigen Fahrradtypen gibt es mit E-Motor.

Welcher Fahrradtyp ist der richtige?

Grob wird man in Handel und Werbung mit acht Radtypen konfrontiert: Stadt- und Tourenräder, Mountainbikes, Rennräder, Kompakt-/Klappräder, Lastenräder, Dreiräder sowie Liegeräder.

Nicht immer sind die Grenzen der verschiedenen Typen klar umrissen; manche Hersteller profilieren sich ganz bewusst mit Mischformen.

- Das bevorzugte Revier von **Stadträdern** ist, wie der Name schon sagt, der asphaltierte Untergrund in der Stadt, auch mal ein einfacher Weg im Stadtpark. Sie erlauben eine aufrechte Sitzposition, sind meist mit einer Nabenschaltung ausgestattet, sind tendenziell robust ausgeführt, bringen alle für die Teilnahme am Straßenverkehr nötigen Sicherheitsmerkmale (siehe auch Seite 62) mit und oft Möglichkeiten, Dinge zu transportieren. Bei Stadträdern sind Tiefeinsteigerrahmen verbreitet, allerdings finden sich oft auch Diamant-/Sloping-Rahmen. Im Sinne des Wortes sind sie primär Nutzfahrzeuge.
- **Tourenräder** ähneln den Stadträdern, sind aber für mehr oder weniger sportliche Ausfahrten und nicht so sehr für den zweckgebundenen Transport von A nach B gedacht. Für sie werden eher Diamant-/Sloping-Rahmen verbaut. Sie haben meist eine Kettenschaltung, da sich mit dieser sportlicher und dosierter schalten lässt. In der Regel sind sie verkehrssicher ausgestattet, meist sind zudem Möglichkeiten zum Gepäcktransport für längere Touren gegeben.

- Für **Mountainbikes** kommen praktisch ausschließlich Sloping-Rahmen zum Einsatz. Dieser Radtyp ist für Fahrten abseits befestigter Straßen konzipiert. Da es sich um ein typisches Zweit- oder Freizeitrad handelt, verzichten viele Hersteller auf Licht und andere für die Teilnahme am Straßenverkehr nötige Ausrüstung, die für das Fahren abseits befestigter Straßen nicht zwingend vorgeschrieben ist. Die Sitzposition auf diesen Rädern ist eher sportlich und mehr oder weniger deutlich nach vorn geneigt. Meist sind Mountainbikes mit Kettenschaltung ausgestattet. Zudem werden an modernen Mountainbikes praktisch ausschließlich Scheibenbremsen verbaut, da diese stärker sind und weniger anfällig für Wasser oder Schlamm.
- Auch **Rennräder** gibt es fast ausschließlich mit Diamant-/Sloping-Rahmen. Sie sind für die Fahrt auf Asphalt oder anderen befestigten Wegen ausgelegt und möglichst leicht gebaut, um hohe Geschwindigkeiten zu erreichen. Dazu gehört auch eine weit nach vorn gebeugte Sitzhaltung. Rennräder haben meist schmale Reifen mit flachem Profil. Es erscheint zunächst widersinnig, ausgerechnet ein typisches Sportgerät mit Elektromotor auszustatten. Tatsächlich erfreuen sich Renn-Pedelecs aber wachsender Beliebtheit. Werden sie ausschließlich für Sportfahrten auf gesperrten/nicht öffentlichen Strecken konzipiert, fehlt meist die Straßenausrüstung.
- **Kompakt- und Klappräder** kommen überall dort zum Zuge, wo der Platz ein Problem ist – sei es der zum Abstellen eines Pedelecs oder der zum Transport. Diese Zweiräder mit besonders kleinem Rahmen, meist eine Tiefeinsteigerkonstruktion, passen etwa auch in einen Pkw-Kofferraum. Dabei bleiben sie alltagstauglich. Kompakt- und Klapp-Pedelecs sparen gegenüber normalgroßen Modellen Platz, aber nicht zwingend Gewicht: Der Rahmen muss ja in jedem

Fall den Fahrer und den Antrieb sicher tragen.

- **Lastenräder** sind für gewerbliche Nutzer interessant, bestimmte Modelle auch für Privatleute, die regelmäßig mit dem Zweirad schwere Gegenstände transportieren müssen. Es gibt sie in verschiedenen Bauarten und mit unterschiedlichen Rahmen. Die Deutsche Post etwa nutzt einen zweirädrigen Tiefeinsteiger, andere Hersteller offerieren dreirädrige Pedelecs, an denen zwischen zwei Rädern ein großer Gepäckkorb montiert ist. Lasten-Pedelecs sind besonders sinnvoll, denn auch Fahrer, die mit einem reinen Fahrrad mühelos flott unterwegs sind, kommen mit Lastfahrrädern an ihre Grenzen – die elektrische Unterstützung wirkt bei diesem Einsatzzweck besonders segensreich.
- Ein **Dreirad** muss kein Lasten-Pedelec sein – auch wer nichts transportieren will, ist unter Umständen mit einem dreirädrigen Pedelec gut bedient. Diese Konstruktionen sind ideal für Personen, die sich auf einem Zweirad unsicher fühlen oder wegen gesundheitlicher Probleme objektiv kein Velo mehr fahren können. Gängiger Rahmen ist auch hier der Tiefeinsteiger, üblicherweise haben diese Pedelecs ein lenkbares Vorderrad und zwei starre Hinterräder. Wer sich als Privatanwender für ein dreirädriges Pedelec interessiert, sollte dessen größeren Platzbedarf berücksichtigen.
- **Liegeräder** werden gelegentlich belächelt – als Freizeitvehikel sind sie aber beliebt. Sie sind mit Elektroantrieb als Zwei- oder Dreirad erhältlich. Bei den Rahmen gibt es keine dominierende Bauart.

→ Was braucht ein Pedelec für die Teilnahme am Straßenverkehr?

Für ein Pedelec gelten dieselben technischen Mindestanforderungen fürs Fahren auf öffentlichen Wegen und Straßen wie für Fahrräder. Dazu gehören zwei unabhängige Bremsen, Klingel sowie (Rück-)Strahler (ein weißer an Lenker/Gabel, ein großflächiger roter an der Rückseite des Rads, je zwei gelbe in den Pedalen und je zwei in den Laufrädern oder reflektierendes weißes Material an Speiche, Felge oder Reifen). Zudem braucht ein Fahrrad einen weißen Frontscheinwerfer und ein rotes Rücklicht, die von einem Dynamo oder einer aufladbaren Batterie gespeist werden können. An Pedelecs kann dies der Akku des Antriebs übernehmen – ist er leer, bleiben allerdings auch die Lichter des E-Zweirads dunkel. Ab dem 1. Januar 2019 verkaufte Pedelecs müssen deshalb so ausgerüstet sein, dass die Beleuchtungsanlage auch nach entladungsbedingter Ab-

Rad und Rahmen
Die Rahmenhöhe muss zur Größe des Fahrers passen, der Raddurchmesser ist in Grenzen Geschmackssache.

schaltung des Unterstützungsantriebs noch mindestens zwei Stunden lang ununterbrochen mit Strom versorgt werden kann.

Die richtige Rahmenhöhe

Menschen sind unterschiedlich groß – der Rahmen eines Pedelecs muss aber immer an den Fahrer angepasst sein. Unsere Tabelle sagt Ihnen, welche Rahmenhöhe an einem Standardfahrrad (also Stadt-, Touren-, Rennrad oder Mountainbike) bei welcher Körpergröße erfahrungsgemäß am besten passt. Mit Rahmenhöhe ist dabei immer die Länge von der Mitte des Tretlagers bis zum oberen Rand des Sattelrohrs gemeint. Das kann aber nur zur ersten Orientierung beim Kauf dienen, weil die anderen Dimensionen und die Proportionen des gesamten Rahmens sowie der Lenkergabel auch wesentlichen Einfluss darauf haben, ob man sich auf einem Modell wohlfühlt oder ob man schnell verspannt ist.

Der Felgendurchmesser der Laufräder ist nicht durch die Rahmengröße vorbestimmt – hier entscheiden die Hersteller im Wesentlichen je nach Modell. Größere Felgen laufen ruhiger, sind aber auch schwerer und damit bestückte Drahtesel benötigen mehr Platz. Mit kleineren Felgen wird ein Rad agiler, fährt sich aber unter Umständen weniger ruhig. An Touren- und Rennrädern sind Felgen mit 26 oder 28 Zoll (66 oder 71,1 Zentimetern) Durchmesser gängig, an Mountainbikes 27,5 oder 29 Zoll (69,9 und 73,7

Körpergröße	Rahmenhöhe
155–160 cm	49–50 cm
161–165 cm	51–52 cm
166–170 cm	53–54 cm
171–175 cm	55–56 cm
176–180 cm	57–58 cm
181–185 cm	59–60 cm
186–190 cm	61–63 cm

100
VON HUNDERT PEDELEC-KÄUFERN …
… entschieden sich in den Jahren 2012 bis 2015 **14,35 Prozent** für Kalkhoff,
8,5 Prozent für Prophete,
und **7,5 Prozent** für Haibike.
Der Marktanteil aller anderen Anbieter lag bei jeweils **unter 5 Prozent**.
Quelle: Idealo.de/Statista

Zentimeter), an Kompakträdern 20 oder 24 Zoll (50,8 oder 60 Zentimeter).

Polster fürs Sitzfleisch – der richtige Sattel

Nicht nur wegen der Laufeigenschaften empfehlen sich mit dem Pedelec der engeren Wahl ausführliche Probefahrten – bei diesen merkt man auch, wie bequem der Sattel ist. Kein Mensch ist wie der andere; den universellen Wohlfühlsattel kann es folglich nicht geben.

Je nach Anatomie benötigen Menschen ganz unterschiedliche Sattelformen und/oder Sattelbreiten. Eine üppige Polsterung ist in den meisten Fällen alles andere als bequem – denn darin versinken die unteren Beckenenden („Sitzknochen"). Folge: Der Druck verlagert sich aufs Gesäß, was zu Schmerzen und gestörter Durchblutung führen kann. Für Vielfahrer ist ein eher straff gepolsterter Sattel meist die bessere Wahl.

Üblicherweise sind Sättel mit pflegeleichtem Kunstleder bezogen, auf echtem Leder sitzt es sich etwas komfortabler – letztlich ist der Bezug aber eine Geschmacks- und Preisfrage. Je nach Körperform und bevorzugter Kleidung haben manche Fahrer auf glatten Sätteln zu wenig Halt – hier helfen rutschhemmende Aufsätze. Als Polsterung kommt heute in den meisten Fällen Gel zum Einsatz. Achten Sie darauf, dass das Polstermaterial (bei einfacheren Sätteln Kunststoffschaum) auf der

Belastungsmuster
Es muss nicht immer ein handgefertigter Sattel sein – aber er muss zur Anatomie von Fahrer oder Fahrerin passen.

Unterseite nicht offen ist, sonst drücken Sie nach einem Regenschauer beim Sitzen das aufgesogene Wasser wie aus einem Schwamm wieder aus.

Viele Fahrer bewegen sich auf längeren Touren auf dem Sattel gern ein wenig vor und zurück – für diese Menschen ist ein Radsitz mit ebener Sitzfläche ideal. Andere bevorzugen einen festen Halt fürs Gesäß – dann sind zu den Enden hin gewölbte Sättel besser. Unabhängig vom Geschlecht bevorzugen manche Fahrer Sättel mit einer Aussparung für den Schritt. Auch hierfür gibt es außer „Ausprobieren" keine allgemeingültige Empfehlung – es hängt von den persönlichen Vorlieben und der tatsächlichen Ausführung (insbesondere der Kanten) ab, womit man besser fährt.

Für Rennräder sind wegen der nach vorn geneigten Haltung des Fahrers schmale Sättel besser, für Stadt- und Tourenräder wegen der (fast) aufrechten Sitzposition breite, eventuell sogar gefederte Radsitze optimal.

Tendenziell haben Frauen breitere Becken als Männer, weswegen manche Hersteller geschlechtsspezifische Sättel offerieren. Einmal mehr gilt aber: Die Menschen sind verschieden – es gibt auch Frauen, die einen eher schmalen Sattel angenehmer finden. Persönliche Vorlieben und die individuelle Anatomie entscheiden. Dazu zählt auch das Gewicht: Manche Sättel sind nur für Fahrer geeignet, die nicht mehr als 100 Kilogramm auf die Waage bringen.

Viele Hersteller geben zu ihren Sätteln zur Orientierung den empfohlenen Sitzknochenabstand an: Ein kundiger Händler kann den vermessen. Mit einem Stück Wellkarton können Sie ihn aber auch selbst ermitteln. Legen Sie die Pappe auf eine harte Unterlage (ungepolsterter Stuhl oder Hocker) und setzen Sie sich aufrecht darauf. Danach markieren Sie die zwei durch die Sitzknochen verursachten Vertiefungen im Karton und messen den Abstand zwischen den Zentren der Druckstellen. Bei Männern beträgt der üblicherweise zwischen 9 und 11 Zentimeter, bei Frauen 12,5 bis 14,5 Zentimeter. Verschiedene Sattelhersteller statten Händler auch mit Geräten aus, die die individuelle Druckverteilung messen, um so den optimalen Sattel zu finden.

Hybrid-Pedelecs unterscheiden sich auf den ersten Blick nicht von gewöhnlichen Fahrrädern.

Idealerweise hat Ihr Händler mehrere Sättel zur Auswahl und bietet bei Bedarf an, den zu einem Pedelec ab Werk gelieferten Sattel gegen einen Typ zu tauschen, auf dem Sie sich wohler fühlen.

Trotz großer Auswahl – nicht immer ist ein Sattel von der Stange ideal. Speziell für gesundheitlich beeinträchtigte Pedelec-Fahrer kann ein maßgefertigtes Modell eine Alternative sein.

→ Hybrid-Pedelecs – was ist denn das?

Zum Redaktionsschluss warben die Hersteller Vivax und Electrolyte für ihr „Hybrid"-Pedelec-Konzept. Nach allem, was Sie bereits über Pedelecs wissen, klingt dies widersinnig, denn ein Pedelec ist bereits ein Hybrid aus Muskel- und Elektroantrieb.

Die Idee der genannten Hersteller: Sie bauen besonders leichte und kompakte Antriebe, die als auf Knopfdruck zuschaltbare Unterstützung für eher sportliche Fahrer gedacht sind – bergauf oder bei starkem Gegenwind geht schließlich auch trainierten Radlern mal die Puste aus. Der Vivax-Antrieb ist zudem sehr kompakt und optisch unauffällig; die „Electrolyte"-Hybride fungieren wahlweise auch als konventionelle Pedelecs.

Für die genannte Zielgruppe mag eine sporadische Unterstützung in Kombination mit einem kompakten, leichten Antrieb durchaus attraktiv sein – günstiger als gewöhnliche Pedelecs sind die Hybrid-Velos aber nicht. Da man auch an konventionellen Pedelecs die Elektrounterstützung auf Wunsch vollständig abschalten kann, spricht für die Hybridmodelle – wenn überhaupt – nur das geringere Gewicht.

Wo kauft man am besten?

Bestellungen über Apps oder Internetportale von Händlern und Herstellern sind bei vielen Deutschen beliebt – wer mag, kann sich fast alles liefern lassen. Nicht für alle

Testen vor Ort
Die Probefahrt ist am leichtesten beim Fahrradhändler im Ort möglich.

Warengruppen ist dies aber wirklich sinnvoll – wir erwähnten schon eingangs, dass vor dem Kauf eines Pedelecs idealerweise viele Probefahrten stehen. Bei Versendern – gleich, ob es sich um einen Händler oder den Internetshop eines Herstellers handelt – steht Privatkunden grundsätzlich auch bei Pedelecs das Recht zu, bestellte Ware bei Nichtgefallen innerhalb von zwei Wochen zurück zum Anbieter zu schicken. Viele Onlineshops schränken dies für Pedelecs aber ein: Manche sind rigoros und verweigern die Rücknahme der Ware schon, sobald Interessenten mehr als probesitzen, andere Anbieter akzeptieren Fahrleistungen über 10 Kilometer nicht mehr als Probefahrt. Immerhin: Üblicherweise beauftragen die Verkäufer eine Spedition mit der Abholung, wegen des Akkutransports (siehe Seite 45) gibt es also keine Probleme.

Wer ein Rad verschmutzt zurückschickt, muss allerdings damit rechnen, dass der Hersteller sich die Reinigung bezahlen lässt. Um ein gründliches Studium der Vertragsdetails kommt man bei Versendern nicht herum, wenn man Ärger vermeiden will. Online angebotene Pedelecs lassen sich am besten auf Hausmessen oder ähnlichen Veranstaltungen der Anbieter ausprobieren. Manche Radbauer betreiben auch Vorführräume beziehungsweise eigene Niederlassungen, in denen man die Gefährte ausprobieren kann.

Weniger umfassend als die Erprobungsmöglichkeiten beim Händler vor Ort sind die Möglichkeiten bei Internetversendern aber in jedem Fall – und auch um den Zusammenbau und die Einstellung etwa von Lenker, Bremsen oder Sattel müssen sich Onlinekunden meist selbst kümmern. Das ist nicht übermäßig kompliziert – wer aber gar kein handwerkliches Geschick und brauchbares Werkzeug hat, könnte schon damit überfordert sein.

Zudem kümmert sich der Händler vor Ort idealerweise um die richtige Höhe von Lenker und Sattel – das muss man beim Versand-Pedelec selbst erledigen. Ein wesentlicher Nachteil von Direktversendern ist der Kundendienst bei kleineren Problemen, gerade wenn sie unter die Gewährleistung fallen. Dann kann der Kunde nicht schnell bei seinem Händler um die Ecke vorstellig werden und die Reparatur verlangen, sondern muss das Rad zurück zum Versender schicken beziehungsweise von diesem abholen lassen. Mit übers Land verteilten Stützpunktniederlassungen wollen die ersten Versender wie Rose dieses Problem lösen.

Klar ist natürlich: Ein Pedelec vom Händler ist bei vergleichbarer Qualität teurer als eines vom Direktversender – schließlich will ja auch der Ladenbesitzer am Verkauf verdienen. Dafür kann man als Käufer Beratung und Kundendienst erwarten. Guter Service ist nicht immer selbstverständlich – hier Hinweise, woran Sie einen guten Händler erkennen:

- Achtet der Händler auf Ihre Kundenwünsche und -äußerungen, hört er zu?
- Antwortet er verständlich und konkret?
- Stellt er selbst Fragen und lotet so Ihren Bedarf beziehungsweise Ihre Wünsche aus?
- Erklärt er, welches Rad das richtige für den vorrangigen Zweck ist – und warum?
- Fragt er nach der Körpergröße, erkennt er sie oder misst gar selbst nach?
- Hat er mehrere Räder der engeren Wahl im Sortiment und zeigt sie Ihnen?
- Erklärt er Ihnen die Vor-, aber auch die Nachteile diverser Modelle?
- Hält er sich ans Budget, das Sie vorgeben, oder versucht er es zu sprengen?
- Bietet er etwa bei nicht passender Größe an, das Pedelec im richtigen Format zu bestellen oder ist er darauf erpicht, ein Rad aus seinem aktuellen Bestand zu verkaufen?
- Bietet der Händler an, individuelle Teile wie Griffe, Lenker oder Sattel (gegebenenfalls gegen den Differenzbetrag) zu tauschen?
- Kann man Probesitzen/-fahren?
- Ist der erste Kundendienst im Preis eingeschlossen?
- Ist der Händler freundlich?
- Haben fachkundige Freunde/Bekannte mit dem Händler gute Erfahrungen gemacht?

→ Die wichtigsten Prüfsiegel im Überblick

Ohne das CE-Kennzeichen dürfen innerhalb der EU keine Produkte in den Verkehr gebracht werden. Der Hersteller, Importeur oder Händler garantiert damit, dass ein Artikel den für ihn geltenden EU-Vorschriften entspricht. Das CE-Kennzeichen ist aber kein Qualitätssiegel – eher bürokratische Notwendigkeit. Mehr Sicherheit versprechen Pedelecs, die zusätzlich mit GS („geprüfte Sicherheit") markiert sind – hier prüfen Dritte, ob alle Vorschriften des Paragrafen 21 des Produktsicherheitsgesetzes eingehalten wurden. Auch das GS-Kennzeichen trifft nur eingeschränkte Aussagen zur Produktqualität: Vereinfacht

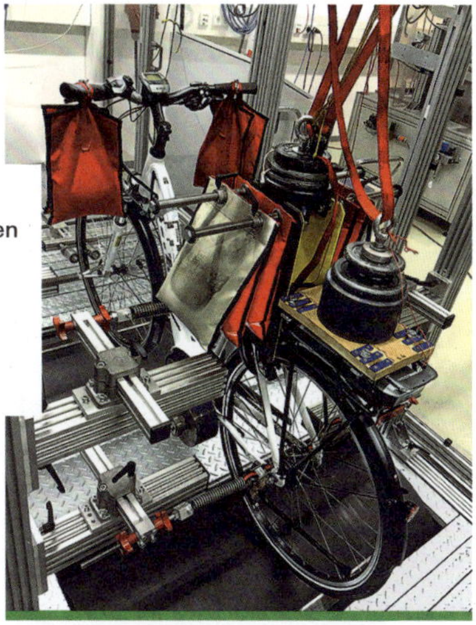

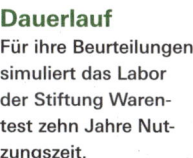

Dauerlauf
Für ihre Beurteilungen simuliert das Labor der Stiftung Warentest zehn Jahre Nutzungszeit.

kann man sagen, dass man mit einem GS-geprüften Zweirad vor Unfällen durch Material- und Konstruktionsfehler weitgehend sicher ist – was aber nicht heißt, dass sich ein solches Velo auch gut fährt und lange hält.

BATSO

Im Kapitel „Das neue Element: Der Elektroantrieb“ sind wir bereits auf Akku-Technik und das Batso-Siegel eingegangen. Trägt eine Batterie dieses Zeichen, spricht das für ein Mindestmaß an Sicherheit. Es existieren aber auch andere Batterie-Prüfsiegel – das völlige Fehlen entsprechender Nachweise sollte nur an Discounterangeboten beunruhigen. Im Zweifelsfall führt in Bezug auf den Akku kein Weg vorbei an gründlicher Nachfrage oder Kontrolle, für welche Leistungs- und Sicherheitsmerkmale der Batterie Hersteller und Händler geradestehen.

Pedelecs im Test

Kurz sind wir schon im ersten Kapitel auf den technischen Vergleich der Stiftung Warentest im Juli 2016 eingegangen. Seinerzeit zeigte sich ein gemischtes Bild: Von 15 E-Velos wurden sieben mit „gut“ bewertet – allerdings erhielt auch ein Drittel des Testfelds, also fünf Modelle, ein glattes „mangelhaft“. Unter den „mangelhaften“ waren auch die billigsten des Tests, die mit Preisen von 900 beziehungsweise 1200 Euro für einen verschmerzbaren Fehlkauf auch schon zu teuer waren.

Als potenzielle Schwachstellen entpuppten sich im Feld der getesteten Tiefeinsteiger Bremsen, Fahreigenschaften, die erlaubte Zuladung sowie die Haltbarkeit. Die Qualität der Bremsen, wenn auch nur im Neuzustand, sowie die sonstigen Fahreigenschaften kann man auch als Laie mit einer Probetour klären. Faustregel: Fühlt man sich nicht sicher und klappert ein Pedelec schon, wenn es neu aus dem Laden rollt, sollte man andere Modelle in die engere Wahl ziehen.

Auch, ob das vom Hersteller angegebene Gesamtgewicht zu den eigenen Bedürfnis-

Dienstrad?
Ein E-Bike kann vom Arbeitgeber als Dienstrad zur Verfügung gestellt werden. Es wird dann lohnsteuerlich gefördert wie ein Elektroauto.

sen passt, lässt sich mit den Grundrechenarten überprüfen. Gewicht des Pedelecs samt Akku und Fahrergewicht sind bekannte Größen – was nach Addition beider Werte noch zum Gesamtgewicht fehlt, entspricht der möglichen Zuladung. Wer auf der Fahrt ins Büro nur eine Aktentasche braucht, kommt auch mit geringer Zuladung klar. Auf Touren oder nach dem Einkauf fährt man aber meist mit mehr Gepäck – nicht alle E-Bikes des damaligen Tests trugen die eigentlich für den Gepäckträger erlaubten 25 Kilogramm. Der Testsieger im Jahr 2016 von Flyer ist für ein Gesamtgewicht von 149 Kilogramm ausgelegt und hat damit genug Reserven auch für kräftigere Fahrer und deren Siebensachen.

Die Langzeitqualität eines Pedelecs lässt sich nicht seriös per Augenschein klären – die Stiftung Warentest stellt hierfür im Labor mit aufwendigen Prüfungen die typische Beanspruchung während einer zehnjährigen Nutzungsdauer nach. Dennoch vermittelt schon die Probefahrt einen Eindruck von Material und Verarbeitung; bei einem Pedelec mit konventionellem Stahlrahmen, aber auffällig niedrigem Gewicht, kann man vermuten, dass am Material gespart wurde.

Nicht nur aus den schon genannten Gründen unterstrich unser Test die Notwendigkeit einer Probefahrt. Zwei Pedelecs vom selben Anbieter mit gleichem Rahmen, Antrieb und Rädern fuhren sich stark unterschiedlich. Aus den technischen Daten allein lassen sich also keine Fahreigenschaften ableiten.

Tests sind vor dem Kauf immer hilfreich – aber wir erwähnten bereits, dass das bestgetestete nicht zwingend das für Sie beste Pedelec ist. Zudem können weder die Stiftung Warentest noch andere Zeitschriften oder Internetmagazine sämtliche angebotenen Pedelecs testen. Werben Hersteller oder Händler mit Testurteilen, sollte man sich nicht auf eine „gute“ Note blind verlassen – es empfiehlt sich, den genannten Test genau zu studieren. Auch eine Aussage wie „Testsieger“ kann juristisch korrekt sein, dennoch einen falschen Eindruck erwecken, wenn etwa neben drei „ausreichenden“ Produkten eines mit Müh und Not ein „befrie-

Checkliste

Kaufentscheidende Kriterien

- ☐ Wo will ich mit dem Rad fahren? Pedelecs für den Straßenverkehr müssen verkehrssicher ausgestattet sein.
- ☐ Was außer dem Fahrer soll transportiert werden?
- ☐ Wie schwer ist das Pedelec (inklusive Akku/Display), wie hoch ist das mögliche Gesamtgewicht?
- ☐ Ist der Akku leicht zu entnehmen und getrennt vom Fahrrad zu laden?
- ☐ Wie teuer ist ein Ersatzakku?
- ☐ Welche Bremsen hat das Rad?
- ☐ Kann ich den Großteil der Technik selbst warten oder muss grundsätzlich der Händler/Kundendienst ran?
- ☐ Ist an Wohnung/Arbeitsplatz der Stellplatz fürs Wunsch-Pedelec groß genug?
- ☐ Passt vorhandenes Zubehör (Taschen, Kinderanhänger, Spiegel) ans Pedelec? Im Zweifelsfall zum Kauf mitnehmen.
- ☐ Wie schnell sind nach dem Einschalten Elektronik/Display betriebsbereit?
- ☐ Ist der Bildschirm bei Tageslicht gut lesbar? Wirkt die Reichweitenangabe verlässlich oder zeigt sie schon während der Probefahrt absurde Werte an?
- ☐ Schließt der Hersteller in den technischen Daten oder dem Handbuch bestimmte Einsatzgebiete aus?

digend" schafft. Etiketten wie „Produkt des Jahres" sind generell fragwürdig – meist müssen die Hersteller Geld mitbringen, um überhaupt in die Auswahl des entsprechenden Wettbewerbs zu gelangen. Firmen, die sich dies nicht leisten wollen oder können, werden also bei der Vergabe derartiger Auszeichnungen gar nicht berücksichtigt.

Bei dieser nicht immer verlässlichen Testsituation liegt es nahe, auf Kundenbewertungen auszuweichen, wie sie auf verschiedenen Händlerplattformen zu finden sind. Allerdings sollte man auch hier sehr genau hinschauen – man muss immer mit nutzlosen Aussagen rechnen. Diverse Agenturen werden bei Anbietern wie Händlern

Über Stock und Stein
Wichtig ist vor dem Pedelec-Kauf eine ausführliche Probefahrt.

vorstellig, mit dem Angebot, gute Bewertungen gegen Geld zu verfassen. Diese Lobhudeleien erkennt man oft am wechselweise zu professionellen oder absichtlich laienhaft/naiven Schreibstil. Auch wenn zu einem Produkt auffällig viele ähnlich klingende Bewertungen auftauchen, ist dies ein Grund zur Skepsis.

Umgekehrt nutzt manch ein Hersteller oder Händler die vermeintliche Anonymität des Internets, um Konkurrenzprodukte grundlos schlechtzureden. Selbst zweifelsfrei echte Bewertungen sind wertlos, wenn sich die Käufer bei ihrer Einschätzung an Nebensächlichkeiten aufhalten oder unrealistische Erwartungen ans Produkt haben. Wenn man nicht selbst ein Mindestmaß an Sachkenntnis hat und die Relevanz solcher Aussagen einschätzen kann, helfen echte Kundenbewertungen nur bedingt – die gefälschten selbstverständlich gar nicht.

→ Was tun, wenn das Pedelec flattert?

Hauptsächlich Tiefeinsteigerrahmen können wegen ihrer Bauart anfällig für Flattern sein. Je nach Pedelec-Modell ist entweder der gesamte Rahmen unruhig oder das Vorderrad. Letzteres bemerkt man allerdings nur, wenn man die Hände vom Lenker nimmt, was man nur abseits öffentlicher Wege und bei entsprechendem Geschick tun sollte. Dieser Rahmentyp ist besonders häufig bei Rädern vertreten, die eher gemächlich gefahren werden. Und wer die Hände während der Fahrt am Lenker lässt und dann kein Rütteln oder Ziehen am Vorderrad spürt, muss, wenn das Pedelec ansonsten den Vorstellungen entspricht, dieses Phänomen nicht überbewerten. Ein Makel ist das Flattern in jedem Fall. Ist der Rahmen unruhig und fühlt man sich schon bei der Probefahrt unsicher, sollte man ein anderes Pedelec wählen.

Statussymbol
E-Bikes können exorbitant teuer sein – ein solides Modell muss aber kein Vermögen kosten.

Wie viel muss ein gutes Pedelec kosten?

Wenn Sie sich schon Angebote angeschaut haben, wissen Sie es: Bei den Preisen gibt es nach oben keine Grenze. Wer mag, kann (S-)Pedelecs für einen fünfstelligen Betrag erwerben.

→ **Aus Tests und den Erfahrungen** anderer Beobachter ergibt sich aber für ein solides Elektrofahrrad eine Preisuntergrenze von 1 600 bis 2 000 Euro, für 2 500 bis 3 000 Euro erhält man in der Regel sehr gute Qualität. Im erwähnten Test von 2016 war das billigste „gute" Zweirad, ein Decathlon-Modell, für 1 800 Euro zu haben.

Sparfüchse sollten sich gezielt nach Auslaufmodellen umschauen. Man braucht nicht immer unbedingt die letzten technischen Neuerungen wie Automatikschaltungen oder Bremsen-Antiblockiersysteme – wer auf die aktuellste Technik verzichtet, findet Pedelecs aus der vergangenen Saison zum attraktiven Preis. Ebenso sind Vorführmodelle beziehungsweise bei Versendern sogenannte B-Ware oder Retouren interessant – üblicherweise sind diese Pedelecs technisch neuwertig, weisen aber geringe Gebrauchsspuren auf. Details finden Sie im Abschnitt „Gebrauchtkauf".

Lohnt sich ein Modell vom Discounter oder Baumarkt?

In unserem Test fielen die Modelle um 1 000 Euro durch – insbesondere bei der Haltbarkeit gab es schlechte Noten. Daran dürfte sich auch an aktuellen Billig-Pedelecs wenig geändert haben, denn um einen niedrigen Preis zu erreichen, müssen die Hersteller irgendwo sparen. Dennoch können auch diese Elektroräder für Wenig-, Straßen- und Langsamfahrer ausreichend sein. Für

Solide Technik
Für 1 600 bis 2 000 Euro finden sich im Markt zuverlässige, alltagstaugliche Pedelecs.

diese Zielgruppe könnten eher andere Probleme den Kauf unattraktiv machen: Die Billig-Pedelecs gibt es meist nur in einer gängigen Rahmenhöhe. Wenn die persönlichen Körpermaße nicht dazu passen, ist das billigste Schnäppchenangebot verkehrt.

Auch sollte man bei den Preisbrechern vorher klären, wer nach dem Kauf für die Garantieabwicklung und eventuell notwendige Wartung zuständig ist. Manch ein seriöser Händler weigert sich zudem, bei technischen Problemen an den Supermarkt-Velos zu arbeiten.

Was unterscheidet die Mittel- von der Spitzenklasse?

Für die genannten 1600 bis 2000 Euro finden sich bereits solide, alltagstaugliche Modelle, die die Hersteller und Händler auch in unterschiedlichen Rahmengrößen und anderen Ausstattungsvarianten anbieten. Gegenüber den Topmodellen wird meist am Akku und Display gespart. Einen aufs Wichtigste beschränkten Bildschirm kann man gut verschmerzen; der Akku (genau: die mit ihm erzielbare Reichweite) sollte aber zum persönlichen Fahrverhalten passen – siehe dazu auch Seite 40.

→ Geräuschentwicklung – wirklich ein Thema an Pedelecs?

Gleich, welche Antriebseinheit Sie betrachten (siehe S. 22 ff.) – nahezu jeder Hersteller wirbt mit mindestens leisem, mancher sogar mit quasi geräuschlosem Fahren. Auf den Motor selbst mag dies durchaus zutreffen – und tatsächlich gibt es zwischen den verschiedenen Antrieben Unterschiede. Je nach Bauart entwickeln die Pedelec-Motoren beim Anfahren oder Dahingleiten entlang des Maximaltempos Geräusche, wie man sie auch von anderen Elektrofahrzeugen kennt. Der Lärmpegel lässt sich mit einem Messgerät objektiv feststellen. Wie lästig er dem Fahrer wird, hängt nicht nur von der persönlichen Be- und Empfindlichkeit ab, sondern auch von den übrigen Pedelec-Komponenten und der Umgebung. Kettenantriebe sind lauter als Riemenantriebe, Felgenbremsen in den meisten Fällen beim Verzögern akustisch penetranter als Scheibenbremsen, die Reifen laufen je nach Ausführung eher leise oder laut. Auf dem Radweg einer Großstadt fallen Geräusche des eigenen fahrbaren Untersatzes weniger auf als auf einer einsamen Landstraße. Körpergröße, Kleidung und Bauart/Höhe des Rades beeinflussen den Luftwiderstand und damit Windgeräusche. Es ist also absolut sinnvoll, in Erfahrungsberichten und während Probefahrten auf Motor-/Laufgeräusche zu achten – allerdings sollte man sie im Verhältnis zu anderen potenziellen Lärmquellen im Alltag auch nicht überbewerten.

Gebrauchtkauf – darauf müssen Sie achten

Angesichts der genannten Preise scheint der Blick auf gebrauchte Pedelecs verlockend. Er ist es auch, aber auch hier muss man die Augen offenhalten. Zu den für den Neukauf wichtigen Kriterien kommen weitere hinzu. Ein Blick auf offensichtliche Mängel wie abgefahrene Reifen ist unerlässlich, auch andere äußere Schäden erkennt man als Laie.

Drei typische Bezugsquellen für gebrauchte Pedelecs gibt es:

- den Händler – meist die seriöseste, aber auch die teuerste Quelle. Der Händler will nicht nur mit dem Verkauf verdienen, er steht auch über zwölf Monate für Fehler ein. Deshalb verzichten inzwischen viele Händler auf dieses Geschäft. Fragen kostet aber nichts.
- Spezialisierte Internetportale. Sie zeichnen sich gegenüber Privatanbietern durch Käuferschutz und Betrugsprävention aus.
- Kleinanzeigen(portale), Flohmärkte. Hier ist man vollständig auf die eigene Sachkunde angewiesen, Privatverkäufer sind nur eingeschränkt für Mängel haftbar.

Das Alter des Akkus und andere technische Daten lassen sich vom Händler aus der Elektronik des Pedelecs auslesen – E-Räder ohne entsprechendes Protokoll sollte man nicht kaufen. Ist der Akku zu alt oder hat zu viele Ladezyklen (siehe Seite 44) hinter sich, muss man die Kosten für einen neuen Akku in die Preisverhandlungen einbeziehen. Stichwort Batterie: Sofern sie noch angeboten werden, sind Pedelecs mit den veralteten Bleiakkus keine gute Wahl – es sei denn, sie ließen sich ohne Umstände auch mit neueren Akkutypen betreiben. Sollten Sie sich für ein gebrauchtes S-Pedelec interessieren, müssen Sie auf vollständige Fahrzeugpapiere achten.

Die wenigen Pedelecs mit Carbonrahmen sind als Gebrauchtkauf eher heikel: Verborgene Risse erkennt man mit bloßem Auge nicht. Zwar gibt es die Möglichkeit, die Rahmen zu durchleuchten – ob sich der Aufwand für potenzielle Käufer lohnt, sei dahingestellt.

Fehlende Rahmennummern sollten bei Kaufinteressenten die Alarmglocken schrillen lassen – sofern der Anbieter eines Gebrauchtrads dafür keine plausible Erklärung hat. Üblicherweise sind sie unter dem Tretlager, an den Seiten des hinteren Rahmenrohrs, an der Sattelstütze des Rahmens, an den Seiten der vorderen Rahmenrohre, der hinteren Radaufhängung oder der hinteren Radgabel zu finden. Weitere Hinweise zum Diebstahlschutz finden Sie im Kapitel „Mit dem E-Bike unterwegs".

Wer frisiert, verliert die Gewährleistung

Erster Ansprechpartner bei technischen Problemen oder Schäden ist in Deutschland der Händler. Die gesetzliche Gewährleistung umfasst 24 Monate – innerhalb der ersten sechs Monate nach Kauf muss der Händler nachweisen, dass ein bemängelter Schaden nicht schon vor dem Kauf existierte, in den folgenden 18 Monaten muss der Käufer im Zweifelsfall belegen, dass der Fehler im Ansatz schon nach dem Kauf bestand. In der Praxis heißt das: Sofern nicht eine offensichtlich missbräuchliche und/oder unsachgemäße Nutzung eines Produkts vorliegt, ist der Händler im ersten halben Jahr nach dem Kauf in der Pflicht.

Unabhängig von diesen gesetzlichen Pflichten können Händler und Hersteller nach eigenem Gutdünken freiwillige Versprechen geben. Im Pedelec-Markt gängig sind beispielsweise mehrjährige Garantien für Rahmen oder eine Mindest-Akkuhaltbarkeit. Hier sollte man aber genau schauen, wie umfänglich diese Garantien tatsächlich sind.

Gewährleistung wie freiwillige Garantien sind aber in dem Augenblick hinfällig, wo man das Pedelec manipuliert, um die 25-km/h-Grenze zu überwinden. Das Internet ist voll von einschlägigen Tipps – dennoch sollte man schon mit Blick auf die möglicherweise verringerte Lebensdauer von Pedelec-Komponenten und andere Schäden auf solche Basteleien verzichten. Denn selbst, wenn etwa ein Akku objektiv beim Kauf schon fehlerhaft war, kann der Händler mit Fug und Recht jede Gewährleistung verweigern, wenn er feststellt, dass am Pedelec Veränderungen vorgenommen wurden. Weitere Folgen derartiger Manipulationen besprechen wir im Kapitel „Das E-Bike pflegen und warten" ab Seite 103.

Anhänger mit Anhang
Mit einem E-Bike ließe sich der Nachwuchs sicher entspannter bewegen.

Mehr Sicherheit, mehr Spaß mit Zubehör?

Fast alles, was sich an konventionelle Drahtesel montieren lässt, taugt auch für Pedelecs – den nötigen Platz und erlaubtes Gesamtgewicht vorausgesetzt.

Nicht alles, was angebracht werden darf, ist aber auch sinnvoll. An einem Straßenfahrrad etwa dürfte ein Rückspiegel im dichten Verkehr eine Hilfe sein, bei der Mountainbike-Tour im Wald hingegen ist er eher nutzlos und könnte bei einem Sturz im Gelände sogar noch zum Verletzungsrisiko werden.

Zum Pedelec-spezifischen Zubehör zählen Abdeckungen für die Antriebstechnik und/oder Pedelec-Elektronik. Manche der Mützen und Polster sollen die empfindlichen Bauteile nur während des Transports, etwa auf dem Autoanhänger, schützen (mehr dazu im Kapitel „Mit dem E-Bike unterwegs"), andere können, etwa bei schlechter oder kalter Witterung,, dauerhaft am Zweirad bleiben.

Daneben gibt es Halterungen, um trotz Displays am Lenker eine Tasche oder einen Korb anzubringen, Smartphone-Halterungen oder für Radfahrer optimierte Navigationssysteme.

→ Kinderanhänger am Pedelec – wann ist er erlaubt?

Pedelecs sind Fahrrädern rechtlich gleichgestellt. Dennoch empfiehlt sich die Verwendung eines Kinderanhängers an einem Pedelec nur, wenn dessen Hersteller dies ausdrücklich erlaubt. Wer darauf nicht achtet, riskiert nicht nur Schäden am Elektrozweirad, sondern könnte bei einem Unfall auch den Versicherungsschutz verlieren.

Das wichtigste praktische Detail: Kupplungstyp und -höhe des Anhängers müssen zum Pedelec passen. Hier gibt es leider keinen Standard – wer den Nachwuchs per Pedelec im Hänger fahren will, muss beim Kauf auf Kompatibilität achten.

Sind die Bremsen schon schwach, wenn man allein mit dem E-Velo unterwegs ist, sollte man ebenfalls auf Kinderanhänger verzichten, denn diese verlängern den Bremsweg. Auch mit guten Bremsen dürfen Anhänger samt Kind nicht schwerer als 40 Kilogramm sein. Liegt das gesamtgewicht darüber, braucht der Anhänger eine eigene, Auflaufbremse genannte Verzögerung. Und: Durch den Anhänger fährt sich das Pedelec anders – es empfiehlt sich, ein paar Proberunden ohne Kind im Anhänger zu drehen.

Wenn Sie die Kleinen an Bord nehmen: Es dürfen maximal zwei Kinder bewegt werden, die nicht älter als sieben Jahre sind und im Hänger angeschnallt sein müssen. Ein Helm für den Nachwuchs ist nicht vorgeschrieben, im Falle eines Falles schützt er aber. Bewegen nicht Eltern, sondern andere Familienangehörige oder Freunde die Kinder, müssen die Fahrer mindestens 16 Jahre alt sein.

Schließlich: Wie jedes zu bewegende Zusatzgewicht zehrt auch ein Kinderanhänger erheblich an der Akkukapazität. Rechnen Sie also mit einer verminderten Reichweite bei Ihrer Tourenplanung.

Der richtige Helm

Jeder gute Fahrradhelm ist auch ein guter Helm für die Fahrt auf dem Pedelec. Zuletzt hat die Stiftung Warentest entsprechende Produkte in Heft 5/2017 untersucht. Die günstigsten Modelle für Erwachsene kosten um 25 Euro, für laut Hersteller besonders robuste Typen werden aber auch schon mal 200 bis 300 Euro fällig.

Unsere Empfehlungen zu Fahrradhelmen: Helme mit dem GS-Siegel bieten verlässliche Sicherheit – im Prinzip. Wichtig ist aber, dass ein Helm richtig sitzt – er darf also nicht zu groß sein und verrutschen. Drücken soll er natürlich auch nicht. Aus diesem Grunde ist es auch gefährlich, für Kinder aus falscher Sparsamkeit Helme zu kaufen, in die die Junioren „reinwachsen“ sollen. Der Helm muss den Kindern beim Kauf optimal passen – und nicht erst in zwei Jahren.

Schwere Helme sind wegen ihrer höheren Masse nicht sicherer. Sie können im Gegenteil sogar ein Sicherheitsrisiko darstellen, weil sie Nacken und Schultern belasten und Kopfschmerzen verursachen. Mehr als 300 Gramm sollte ein Erwachsenenhelm nicht wiegen.

Auch auf einem Pedelec kommt man ins Schwitzen, die Sonne scheint auf den Kopf – Feuchtigkeit und Wärme sollten aus dem Helm entweichen können. Ein guter Fahrradhelm hat folglich Lüftungsschlitze. Ein Netz in ihnen hält Insekten davon ab, Sie während der Fahrt zu stechen.

Das Helmmaterial altert – Anbieter müssen ein Herstellungs- oder Verfallsdatum angeben. Fehlt das: Finger weg!

Nach einem Sturz sollte der Helm ersetzt werden – auch wenn sie äußerlich nicht zu erkennen sind, können sich bei einem Unfall Risse bilden, der Schutz ist dahin.

Sonderfall S-Pedelecs

Alles Gesagte gilt im Prinzip auch für S-Pedelec-Helme. Wegen der höheren möglichen Geschwindigkeit reichen Fahrradhelme zum Schutz ihrer Fahrer aber nicht. Speziell für S-Pedelecs konstruierte Helme sind im Angebot noch die Ausnahme. In der Praxis kommen zurzeit überwiegend leichte Motorradhelme zum Einsatz – hier muss man aber mit Schwächen bei der Belüftung rechnen. Zum Redaktionsschluss zeichnet sich ab, dass die Norm NTA 8776 Standard für S-Pedelec-Helme wird. Erste Anbieter geeigneter Helme sind ABUS, BBB Cycling, Cratoni, Lazer und Met.

DIE 3 BESTEN HELME IM TEST 2017

1 Der **Casco Activ 2** (um 80 Euro) schnitt in der „test"-Ausgabe 5/2017 am besten ab. Ebenso wie der Zweitplazierte schützt er nicht nur sehr gut vor Kopfverletzungen, sondern trägt sich auch angenehm.

2 Der **Cratoni Pacer** für 60 Euro landete im Gesamtergebnis auf Platz zwei.

3 Der **Lazer Beam Mips** ist mit einem Verkaufspreis von 55 Euro noch etwas günstiger, aber als Drittplatzierter immer noch eine Empfehlung.

test 5/2017

„Der Elektroantrieb wird immer beliebter"

Siegfried Neuberger
Geschäftsführer des Zweirad-Industrie-Verbands (ZIV)

Wie entwickelt sich der Pedelec-Markt?
Wir gehen davon aus, dass im Jahr 2017 schätzungsweise rund 700 000 Fahrräder mit Elektrounterstützung verkauft wurden. Der Markt wächst mit Steigerungsraten von jährlich circa zehn bis fünfzehn Prozent sehr dynamisch.

Worauf führen Sie dieses starke Wachstum zurück?
Vor rund zehn Jahren wurden noch hauptsächlich Tiefeinsteiger und Stadträder als E-Bikes angeboten. Diese Produkte sind eher auf ältere Personen zugeschnitten. Mit Elektro-Mountainbikes oder gar E-Rennrädern sprechen die Hersteller zusätzlich jüngere Radfahrer an, die die Motorunterstützung zwar nicht zwingend benötigen, die Vorteile aber zu schätzen wissen. Mit dem Elektroantrieb kann man weiter, schneller und weniger anstrengend fahren – Pedelecs sind schick geworden. Rund fünfzehn Prozent der aktuell verkauften Pedelecs sind Mountainbikes, der Anteil der Tourenräder ist stabil. Zudem erschließt der Elektroantrieb neue Einsatzmöglichkeiten: Der Verkauf von E-Lastenrädern steigt – gerade in deren gewerblicher Nutzung steckt ein Riesenpotenzial.

Wie wird sich das Pedelec-Angebot entwickeln?
Die Vielfalt des Marktes für konventionelle Fahrräder wird sich im Pedelec-Markt abbilden, es entstehen immer mehr Modellgruppen. Antriebs- und Batterietechnik entwickeln sich weiter. Aktuell haben viele Hersteller Pedelecs mit Akkus vorgestellt, die im Rahmen integriert und somit kaum mehr zu sehen sind. Dieser Trend, Pedelecs optisch noch ansprechender zu gestalten, wird sich mit fortschreitender Technik noch verstärken.

Gibt es neue Entwicklungen, um Pedelec-Fahrer vor ihrem größten Feind zu schützen, dem schlechten Wetter?
Da sehe ich zurzeit wenig Bewegung. Es gibt immer mal wieder Designstudien von überdachten Modellen – aber wenn der Wetterschutz wirken soll, wird er klobig und bietet dem Wind Angriffsfläche. Beides widerspricht dem Konzept eines leichten Fahrzeugs. Unter den Lastenrädern gibt es aller-

dings Modelle mit Kabine, dies gilt auch für Räder zum Personentransport, die sogenannten Rikschas. Im Großen und Ganzen kommt der Erfolg der Pedelecs aber daher, dass sie aussehen wie Fahrräder und sportiv wie Fahrräder gefahren werden können. Der zuschaltbare unterstützende E-Antrieb reduziert die Anstrengungen und trägt dazu bei, dass auch größere Entfernungen sehr komfortabel zurückgelegt werden können.

Wie beurteilen Sie die jüngsten Pedelecs mit Brennstoffzellen statt Akkus?

Aus unserer Sicht sind die Ladezeiten bei Akkus kein Thema – Reichweiten von bis zu 100 Kilometern sind durchaus realistisch. Wenn nach einer solchen Ausfahrt der Akku zum Beispiel über Nacht an die Steckdose muss, ist das für die wenigsten Nutzer ein Problem. Nebenbei hat der Kunde auch bei leerem Akku immer noch ein Fahrrad, bleibt also nicht liegen. Trotzdem sind Brennstoffzellen auch für Pedelecs interessant. Ich denke aber, dass diese Technik zuerst in anderen Fahrzeugen eingesetzt wird – in Lkw oder Bussen gibt es sie ja schon, in Pkw kommen sie. Der Pedelec-Markt profitiert schon jetzt von den Entwicklungen im Kfz-Bereich – das wird sich in Zukunft sicher noch ausweiten. Wenn flächendeckend Tankstellen auf Wasserstoff umgerüstet sind, wird diese Technik auch für Pedelecs interessant.

Werden mit dem zunehmenden Pedelec-Absatz, also höheren Stückzahlen, die Preise sinken?

Die meisten Kunden fordern sehr gute Qualität und akzeptieren, dass es die nicht zum Schnäppchentarif gibt. Perspektivisch werden wir bei den Preisen eine größere Spreizung sehen – in Holland besteht derzeit eine größere Nachfrage nach preiswerten Pedelecs. Diese werden unter anderem von den Eltern für den Schulweg der Kinder gekauft.

Viele Nutzer hätten lieber die in den USA geltende Geschwindigkeitsgrenze von 32 km/h; in der Schweiz fahren S-Pedelecs auf den Radwegen. Sind Sie mit dem aktuellen gesetzlichen Rahmen für Pedelecs zufrieden?

Der ZIV war von Anfang an bei der Gesetzesentwicklung dabei. Mit den geltenden Regeln sind Pedelecs von der Betriebserlaubnisverordnung ausgenommen, die Fahrer brauchen weder Führerschein noch Helm. Man kann in den Laden gehen, ein Pedelec kaufen und losfahren. Das sind für den Erfolg von Pedelecs die wichtigsten Rahmenbedingungen. Mit höheren erlaubten Geschwindigkeiten würde wieder über Helmpflicht, wahrscheinlich auch die Fahrerlaubnis diskutiert – das wäre schlecht für Fahrer wie Radhersteller.

Mit dem E-Bike unterwegs

Pedelecs gelten rechtlich ohne Unterschied als Fahrräder. Anders – und für alle Verkehrsteilnehmer manchmal verwirrend – ist die Situation für S-Pedelecs.

Dass Pedelecs wie Velos eingestuft werden, bedeutet aber nicht, dass sie sich beim Fahren identisch verhalten. Schon ein konventionelles Fahrrad kann technische Besonderheiten aufweisen, die sich nicht auf den ersten Blick erschließen – für Pedelecs gilt dies in viel höherem Maße, denn Antrieb und Elektronik sind komplexe Baugruppen.

Vor der ersten Fahrt sollten Sie die Bedienungsanleitung einmal in aller Ruhe durchblättern und sich die wesentlichen Informationen merken. Das ist auch für Nutzer zu empfehlen, die schon einmal auf einem Pedelec saßen. Denn wie Sie den vorausgegangenen Kapiteln entnehmen können, ist die technische Vielfalt im Markt momentan sehr groß – dadurch fahren sich verschiedene Modelle auch unterschiedlich. Nebenbei vermeidet der Blick in die Anleitung teure Bedien- oder Wartungsfehler.

Schließlich sollten die teuren Zweiräder besonders gründlich vor Langfingern geschützt werden und auch auf Reisen mit dem elektrischen Untersatz gilt es, einige Besonderheiten zu berücksichtigen.

Rechtlich ein Fahrrad
Pedelec-Fahrer müssen in Deutschland die vorhandenen Radwege nutzen.

Auf dem Papier sind alle gleich

Der Gesetzgeber betrachtet Pedelecs als gewöhnliche Drahtesel – folglich gelten für beide dieselben Verkehrsregeln.

Pedelecs darf man ohne Führerschein oder andere Fahrprüfung/-erlaubnis fahren – explizit auch, wenn man beispielsweise wegen einer Trunkenheitsfahrt das Auto oder Motorrad stehenlassen muss. Wo es welche gibt, müssen auch Pedelec-Fahrer Radwege benutzen, alle für Radfahrer freigegebenen Wege stehen auch Pedelecs offen – in vielen Städten etwa dürfen Velos auch Einbahnstraßen in beiden Richtungen nutzen. S-Pedelecs hingegen gelten als Kleinkraftrad und haben auf Fahrradwegen nichts zu suchen.

Wer aber bereits einmal ein Pedelec fuhr, weiß: Trotz der rechtlichen Gleichstellung verhält es sich anders als ein Fahrrad ohne Elektrounterstützung.

Funktionskontrolle vor der Fahrt

Auf Licht, Bremsen, Schaltung und Reifen sollte man im Grunde immer einen schnellen Blick werfen, bevor man sich auf den Sattel schwingt.

Ein „Platter" fällt wohl in den meisten Fällen sofort auf – schwieriger wird es, wenn Luft langsam den Pneus entweicht. Wie am Auto sollte man den Reifenluftdruck deshalb regelmäßig kontrollieren – besonders natürlich, wenn das Pedelec längere Zeit nicht benutzt wurde. Auf der Seitenflanke von Reifen sind zulässiger Minimal- und Maximaldruck angegeben – für Pedelecs sollte man Reifen wegen des höheren Zweiradgewichts eher etwas mehr als gewohnt aufpumpen.

E-Bikes sind schwerer

Der Elektroantrieb eines Pedelecs bringt zusätzliches Gewicht auf die Waage – das kann nicht nur den Schwerpunkt eines Fahrrads verlagern (siehe dazu auch „Die Antriebskonzepte“ im Kapitel „Das neue Element: Der Elektroantrieb“). Durch die zusätzlichen Pfunde verzögert ein Pedelec beim Bremsen auch anders. Gleichzeitig ist es, solange der Elektroantrieb funktioniert, spurtstärker.

Beide Eigenschaften fordern noch mehr als konventionelle Velos ein möglichst vorausschauendes und konzentriertes Fahren. Auf vermeintlich lässliche Sünden wie die Handynutzung während der Fahrt sollten Sie verzichten – nicht nur, weil auf Sie ein Bußgeld zukommt, falls die Polizei Sie erwischt, sondern vor allem, weil es ablenkt und wirklich gefährlich ist. Auch Kunststückchen wie freihändiges Fahren sind auf öffentlichen Wegen und erst recht im Straßenverkehr fehl am Platze.

Richtig bremsen und ausweichen

Beim Auf- wie Absteigen gilt: Bremse ziehen, damit das E-Bike keinen Satz nach vorn macht. Sich erst dann zentral über dem Rad positionieren. Es hilft beim Aufsteigen, wenn das belastete Pedal auf neun Uhr steht.

Pedelecs verfügen über mindestens zwei Bremssysteme – beide sollte man nutzen. In der Ebene und bergab empfiehlt es sich, die Hinterradbremse stärker als die fürs Vorderrad zu dosieren.

DIE DREI HÄUFIGSTEN FEHLER VON PEDELEC-NOVIZEN

1 Sich sofort in den rauen Alltag stürzen. E-Bikes fahren sich anders; sind einerseits schwerer, andererseits flinker, solange der Motor hilft. An dieses Verhalten muss man sich gewöhnen – am besten auf einem leeren Parkplatz oder anderem sicheren Gelände.

2 Dem Elektrokomfort erliegen. Solange die Ladung des Akkus reicht, kann man sich fast ohne Muskelkraft vom Velo fahren lassen. Das verführt zur maximalen Unterstützung – und kann überraschend schnell mit einer leeren Batterie enden.

3 Das Schalten vergessen. Auf einem Pedelec muss man genauso ans Schalten denken wie auf einem konventionellen Zweirad – die Motorunterstützung kann einen davon ablenken. Aber nur, wer sich im optimalen Gang bewegt, kommt schnell voran und nutzt die Reichweite optimal aus.

Lange Bergabfahrten strapazieren die Bremsen besonders. Achten Sie darauf, dass diese nicht überhitzen.

Besitzer von Pedelecs mit Scheibenbremse müssen eine Eigenheit dieses Bremsentyps berücksichtigen: Neue Scheibenbremsen bedürfen einer besonderen Behandlung, um die volle Bremsleistung zu entfalten. Für dieses sogenannte Einbremsen wird das Rad aus einer Geschwindigkeit von rund 30 km/h zum Stehen gebracht. Dabei sollten die Räder nicht blockieren. Der Vorgang ist zu wiederholen, bis sich die Bremsleistung spürbar verbessert – die Hersteller empfehlen hier zwischen zehn und 30 Bremsmanöver. Bei dieser Prozedur gasen die Bremsbeläge aus und verhärten. Erst dann können Scheibenbremsen ihre optimale Leistung entfalten, verschleißen weniger schnell und sind weniger temperaturempfindlich. Entsprechend überhitzen sie auch bei längeren, harten Bremseinsätzen, etwa auf der Abfahrt vom Berg, nicht so schnell, was einen deutlichen Leistungsabfall bedeuten würde.

Trotzdem gilt: Um Überhitzungen vorzubeugen, ziehen Sie die Bremshebel bei Bedarf eher kurz und gut dosiert an. Dauerbremsen beziehungsweise das Schleifenlassen der Bremsbeläge gilt es hingegen zu vermeiden.

Die verschiedenen Bremsentypen wirken unterschiedlich stark; auch zwischen den Konstruktionen verschiedener Hersteller unterscheidet sich die Bremswirkung deutlich. Bei einem neuen Pedelec empfehlen wir, das Bremsverhalten auf freier Strecke oder einem geschlossenen Platz extra zu erproben, um ein Gefühl für die richtige Dosierung zu bekommen.

Wichtige Voraussetzung für sicheres Bremsen ist auch ein perfekt eingestelltes Cockpit. Dabei sollte der Bremshebel bei ausgestreckter, auf dem Lenker liegender Hand während der Fahrt in einer Linie mit dem Arm liegen. Bitten Sie im Zweifel Ihren Fachhändler, Ihnen bei der korrekten Einstellung zu helfen.

Unbewusst lenkt man Fahrrad wie Pedelec dorthin, wohin man schaut. Auch deshalb sollten die Augen nicht auf dem Vorderrad ruhen, sondern auf der Piste. Taucht ein Hindernis auf, konzentrieren Sie sich nicht darauf, sondern auf den Weg, der daran vorbeiführt. Zum vorausschauenden

Vorausschauend fahren
Mit dem E-Bike ist man tendenziell schneller unterwegs – das fordert mehr Konzentration.

Fahren gehört, nicht erst in einer Kurve, sondern bereits vorher zu bremsen, damit das Vorderrad nicht wegrutscht. Der Blick voraus hilft auch in der Kurve: Blicken Sie an deren Ende frühzeitig aus der Kurve hinaus. Achten Sie in einer Kurve auch auf die Pedalstellung: Das kurveninnere Pedal sollte oben stehen. Ansonsten könnte es bei starker Neigung des Rades aufsetzen und zum Sturz führen.

Üblicherweise sitzt man ja auf dem Fahrrad ebenso wie auf dem Pedelec. In schwierigen Situationen aber, etwa bei der Fahrt steil bergauf oder über Unebenheiten, ist es besser, im Stehen zu treten beziehungsweise kurz aus dem Sattel zu gehen. Dazu dreht man die Kurbeln des Tretlagers in eine waagerechte Position, hat den Fuß, mit dem man stärker auftritt, auf dem vorn stehenden Pedal und streckt Arme und Beine weitestgehend durch.

Durch Verlagerung des Körperschwerpunkts auf die Radmitte passt man sich intuitiv der Neigung des Weges an.

Muss man etwa in einer gefährlichen Situation scharf bremsen, hebt man das Gesäß vom Sattel und verlagert den Körperschwerpunkt hinter den Sitz. Arme und Beine stützen sich gegen Pedale und Lenker und sind weitestgehend gestreckt – die Arme dabei aber nicht ganz durchstrecken, um sich so noch Spielraum für eventuell nötige Lenkbewegungen zu erhalten.

Das Überholen anderer Radler ist mit einem Pedelec in den meisten Fällen unkritisch, weil man flinker als die übrigen Radfahrer unterwegs ist, den Überholvorgang also schneller abschließen kann. Ein paar Dinge gilt es dennoch zu beachten: Wegen der höheren Geschwindigkeit kommt dem schon erwähnten vorausschauenden Fahren auch beim Überholen erhöhte Bedeutung zu – mit Elektrounterstützung kommt man der nächsten Kurve oder einem Hindernis schneller nahe als beim gemütlichen Strampeln. Sofern vorhanden, ist vor dem Überholen ein Blick in den Rückspiegel oder eben über die Schulter Pflicht: Man weiß nie, ob andere Radler – mit oder ohne elektrische Hilfe – nicht schneller unterwegs sind und ihrerseits vorbeiziehen möchten. Falls Sie bereits mit maximaler elektrischer

Unterstützung unterwegs sind, kalkulieren Sie das Verhalten Ihres Pedelecs für den Augenblick ein, in dem sich der Elektroantrieb ausklinkt. Sind Sie dann noch schnell genug, um zu überholen?

Richtig schalten

Im Kapitel „Das neue Element: Der Elektroantrieb“ erwähnten wir bereits automatische Gangschaltungen. Vorausgesetzt, diese arbeiten im Alltag so zuverlässig wie die Hersteller versprechen, muss man sich damit ums Schalten keine Gedanken mehr machen.

Für längere Zeit dürfte das Gros der verfügbaren Pedelecs aber mit manuell zu bedienenden Schaltungen ausgerüstet sein – hier ist der Fahrer noch ein bisschen mehr gefragt als auf einem Fahrrad ohne Zusatzantrieb. Ganz auf sich gestellt sind Pedelec-Fahrer aber nicht: Das Bosch Intuvia-Display etwa weist den Fahrer auf die richtigen Momente für den Gangwechsel hin.

Schon in der Ebene ist der richtige Gang wichtig: Nur wer frühzeitig schaltet, hält den Elektromotor im optimalen Drehzahlbereich – ideal ist, wenn man flüssig treten kann. Theoretisch kann der Antrieb überhitzen, wenn man fortgesetzt mit ungeeigneter Übersetzung fährt – in der Praxis passiert dies allerdings nur selten. Der Lebensdauer des Elektromotors ist Fahren im falschen Gang aber kaum zuträglich.

Zum erwähnten vorausschauenden Fahren gehört, rechtzeitig an die geeignete Übersetzung zu denken – vor allem beim Bergauffahren. Hier rollt das Velo nicht von selbst; hat man einen ungeeigneten Gang eingelegt, muss man sich hochkämpfen oder bleibt schlicht stehen. Gangwechsel unter Volllast strapazieren die Kette und das Schaltwerk extrem – das kann teuer werden. Zudem belastet das Fahren in „dicken Gängen“ den Akku enorm. Nehmen Sie deshalb während des Schaltens etwas Druck vom Pedal, damit die Kette geschmeidig aufs nächste Ritzel wechselt.

Schon mit einem konventionellen Fahrrad ist die Fahrt am Berg fahrtechnisch fordernd – besonders abseits befestigter Straßen. Pedelecs mit Heckmotor und hohem Schwerpunkt, etwa, weil der Akku unterm Gepäckträger montiert ist, können bergauf heikel sein. Fährt man sie falsch, kann das Vorderrad abheben.

Bergab funktionieren viele Heckmotoren als Bremse, entlasten also die mechanischen Bremsen, zudem laden sie den Akku („Rekuperation“), erhöhen also die Reichweite etwas. An manchen Antrieben kann die Bremswirkung des Motors individuell dosiert werden. Überschätzen sollte man den dadurch möglichen Stromgewinn aber nicht – für spürbar mehr Kilometer mit Elektrounterstützung muss man schon eine längere Strecke bergab fahren.

Energiesparend fahren

Die Pedelec-Technik mit ihrem „eingebauten Rückenwind“ ist verführerisch: Wenn man will, fährt das Pedelec in der höchsten Unterstützungsstufe praktisch wie von selbst. Schneller als vermutet steht der Nutzer dann aber mit leerem Akku da. Wer körperlich fit und gesund ist und auf eine alltagstaugliche Reichweite Wert legt, wählt eine eher niedrige Unterstützungsstufe und schaltet in der Ebene vielleicht auch mal den Motor ganz ab.

Auch Menschen, die das Pedelec mühelos schneller fahren könnten, neigen dazu, sich an den zusätzlichen Schub durch den Motor zu gewöhnen. Das kostet Reichweite. Umsichtige Fahrer behalten die Reichweitenanzeige des Displays im Auge. Zudem sollte man sich hin und wieder zwingen, ganz bewusst über die Unterstützungsgrenze von 25 km/h hinaus zu beschleunigen.

„Ein Kurs ist empfehlenswert"

Rainer Hauck
Leiter des Projekts „Pedelec statt Auto – aber sicher!" beim ökologischen Verkehrsclub VCD in Berlin

Der VCD informiert online über aktuelle Pedelec-Kursangebote in ganz Deutschland. Braucht man zum Pedelecfahren wirklich einen Kurs?
Routinierte Radfahrer bewegen sich meist auch ohne Unterweisung sicher auf einem Pedelec im Verkehr. Die von uns gelisteten Kurse sind vor allem für Personen interessant, die – aus welchen Gründen auch immer – längere Zeit nicht mit dem Fahrrad unterwegs waren. Unter Anleitung eines Trainers können sie ihre Fahrfähigkeiten auffrischen und die Eigenheiten von Pedelecs kennenlernen. Wer noch kein eigenes E-Rad hat, kann in Schnupperkursen ausprobieren, ob und welches Pedelec für ihn das richtige ist. Manch älterer Fahrer ist auf dem Zweirad auch wackelig – für ihn wäre ein Dreirad mit Elektroantrieb sicherer.

Die Kurse wenden sich aber nicht nur an unschlüssige oder unsichere Fahrer?
Nein, das Angebot ist vielfältig. Neben Einführungskursen führt unsere Übersicht im Internet auch Schulungen für Fortgeschrittene auf. Unter den Veranstaltungen finden sich zweistündige Schnupperkurse ebenso wie Fahrtrainings, die sich auf mehrere Tage verteilen.

Wer veranstaltet die Schulungen? Aktuell führt unsere Onlinekarte auf www.e-radfahren.vcd.org/e-rad-kurse vor allem Kurse des Autoclubs Europa (ACE), des ADAC, des Allgemeinen Deutschen Fahrrad-Clubs (ADFC), der Deutschen Verkehrswacht und des Verbands der Radfahrlehrer (VdR) auf. Wir nehmen gern weitere Anbieter auf. Für die Veranstalter ist der Eintrag kostenfrei, der VCD erhält auch keinerlei Provision für die Vermittlung von Teilnehmern.

Was konkret passiert in den Kursen? Grundsätzlich sind die Anbieter in der Gestaltung frei. Üblich sind theoretische Erklärungen und Übungsfahrten auf gesperrtem Gelände, wo die Teilnehmer sich gefahrlos erproben können. Bei umfangreicheren Kursen gehören Ausfahrten auf öffentlichen Straßen und Radwegen zum Programm. Technikfragen werden ebenso behandelt wie Verkehrsregeln. Typische Risikosituationen werden erklärt, etwa die Gefahren durch rechtsabbiegende Kraftfahrzeuge oder das richtige Anfahren und Bremsen mit dem Pedelec. Oft ist auch ein Geschicklichkeitsparcours Bestandteil der Kurse, in dem man das Handling mit mehreren Pedelecs ausprobieren kann.

Diebstahlschutz

Für ganz Deutschland wurden der Polizei im Jahr 2016 rund 330 000 Fahrräder als gestohlen gemeldet. Wegen des höheren Preises sollten E-Bike-Fahrer ihre Velos besonders gut sichern.

Nicht nur die Verkehrsregeln gelten für antriebslose Fahrräder wie für Pedelecs gleichermaßen. Auch beim Schutz vor Diebstahl heißt es: Alles, was für konventionelle Drahtesel hilfreich ist, schützt auch Pedelecs. Dabei sollte man nicht vergessen: Mit passendem Werkzeug und ausreichend Zeit lässt sich jede Sicherung überwinden – es kann immer nur darum gehen, es Dieben möglichst schwer zu machen.

Grundregeln

Schließen Sie, wann immer möglich, Ihr Pedelec an etwas an, statt es freistehend abzuschließen – dreiste Diebe stehlen sonst Räder einfach mitsamt Schloss, wenn dieses nirgendwo angekettet ist. Suchen Sie sich zum Verankern einen Gegenstand aus, über den sich das Pedelec nicht mitsamt Schloss heben lässt. Glatte, nur hüfthohe Poller taugen nicht als Pedelec-Anker.

Wiedererkennungswert
Eine eindeutige Kodierung eines E-Bikes kann Diebe abschrecken.

Wenn möglich, stellen Sie Ihr Zweirad an wechselnden Plätzen ab, damit nicht jeder sofort sieht, zu welchen Zeiten Ihr Pedelec an welchem Ort steht. Öffentlichkeit ist zwar kein Allheilmittel; dennoch ist die Wahrscheinlichkeit, dass ein Fahrrad auf einem belebten Platz gestohlen wird, geringer, als wenn es in einer einsamen Seitenstraße steht. Wann immer möglich sollten Sie Ihr Zweirad in geschlossenen Räumen abstellen, also in Ihrem Keller, einer Tiefgarage, Fahrrad-Abstellanlagen/-boxen oder zur Not auch in der eigenen Wohnung. Im Treppenhaus eines Mehrparteienhauses sind Fahrräder kaum sicherer als auf öffentlichen Plätzen oder Straßen und behindern die übrigen Bewohner oder deren Besucher.

Ob und inwieweit eine möglichst einzigartige, auffällige Gestaltung ein Pedelec vor Dieben schützt, ist umstritten. Banden bevorzugen sicher unauffällige, gut wiederverkaufbare Massenware. Will jemand ein Zweirad aber für sich selbst und weit entfernt vom Tatort nutzen, wird er sich wahrscheinlich nicht von einem ausgefallenen Design vom Stehlen abhalten lassen. Einzigartige Details erhöhen aber die Chance, dass das Zweirad anderen (auch der Polizei) auffällt und dem Eigentümer zugeordnet werden kann. Unabhängig davon sollten Sie alle wichtigen Details zum Rad, vor allem die Rahmennummer, notieren.

→ Zweiräder kodieren und registrieren – ein wirksamer Diebstahlschutz?

Praktisch jedes neue Pedelec hat eine Rahmennummer – für Zweiräder mit und ohne Elektroantrieb gilt aber: Die ist nicht eindeutig. Manche Hersteller zählen nur bis zu einer bestimmten Stückzahl (meist 1 Million) hoch und beginnen dann wieder mit der Nummerierung bei null. Deshalb bieten Polizei, der Allgemeine Deutsche Fahrrad-Club ADFC und andere Institutionen an, Velos unzweifelhaft zu kennzeichnen und/oder zu registrieren. Gängige Verfahren zur Kenn-

30 SEKUNDEN FAKTEN

Rund

1 000

Fahrräder werden in Deutschland jeden Tag gestohlen.
Die Diebstahl-Hochburgen:
1 721 Fahrräder pro 100 000 Einwohner wurden 2016 in

MÜNSTER

gestohlen.
1 720 Fahrräder pro 100 000 Einwohner waren es in

LEIPZIG.

9 642 Fahrräder wurden in den beiden Diebstahl-Hochburgen 2016 geknackt – 2 791 mehr als im Jahr zuvor.

120 Millionen Euro zahlten die Hausratversicherungen, um die Schäden ihrer Kunden finanziell zu ersetzen.

Quellen: billiger.de/Gesamtverband der Deutschen Versicherungswirtschaft/BKA

zeichnung („Kodierung") sind Aufkleber oder die Gravur einer Ziffern-/Buchstabenfolge in den Rahmen. Bei der Gravur wird zwangsläufig der Lack bearbeitet (eine transparente Folie schützt vor Korrosion) – zu diesem Schritt sollte man sich also erst entschließen, wenn Garantie und andere mögliche Umtauschfristen verstrichen sind. Aufkleber mit Kennzeichnungen sind unkritisch, aber nicht so sicher. Mit einer Heißluftpistole können auch Diebe sie entfernen.

Mit einer Kodierung wird ein Zweirad einem Eigentümer zugeordnet – will man das Velo verkaufen, sollte man den Kauf mit schriftlichem Vertrag samt Kodierunterlagen abwickeln. Für Gelegenheitsdiebe, die Hehlerware auf dem nächsten Flohmarkt an den Mann bringen wollen, ist ein kodiertes Velo sicher unattraktiver. Gewerbsmäßig arbeitende Banden, die ihre Beute außer Landes bringen, dürften sich von der zusätzlichen Markierung kaum abschrecken lassen. Oft genug zerlegen diese ihre Beute in Einzelteile – dann ist es kaum noch möglich, die Pedelec-Komponenten einem Eigentümer zuzuordnen.

Ob es sinnvoll ist, Pedelecs bei der Polizei zu registrieren, ist eine Einzelfallentscheidung. Kritiker bemängeln,

Leicht, aber sicher
Faltschlösser verbinden geringes Gewicht mit vielfältigen Befestigungsmöglichkeiten.

dass die entsprechenden Datenbanken nicht vernetzt sind, eine Registrierung am Wohnort also nicht viel hilft, wenn das Velo etwa am Urlaubsort entwendet wird. Das stimmt – allerdings werden die meisten Drahtesel die meiste Zeit des Jahres in einem überschaubaren Radius bewegt. Im Falle eines Falles ist es also durchaus wahrscheinlich, dass der Vorgang bei der örtlichen Polizei landet. Unter www.polizei-beratung.de finden Sie Hinweise zum Kodieren und Registrieren von Zweirädern mit oder ohne Elektroantrieb sowie zu einem Fahrradpass – den gibt es zwischenzeitlich auch als App fürs Smartphone.

Das richtige Schloss

Fahrradschlösser müssen sich widersprechende Eigenschaften vereinen: Einerseits sollen sie möglichst leicht und kompakt sein, andererseits robust und massiv. Manche Konstruktionen schaffen es aber, diese Gegensätze in einem Produkt sinnvoll zu kombinieren.

Grob unterscheidet man fünf Arten Schlösser: Bügelschlösser, Faltschlösser, Panzerkabel/Ketten, Rahmenschlösser und Spiralkabelschlösser. Wann immer möglich, sollten Pedelecs mit zwei unterschiedlichen Schlosstypen gesichert werden – viele Kriminelle haben nur Werkzeug für eine bestimmte Bauform griffbereit beziehungsweise sind nur im Knacken eines Schlosstyps routiniert. Zudem ist man so für unterschiedliche Situationen gerüstet, denn nicht überall trifft man fürs Zweirad optimale Verankerungsmöglichkeiten an. Mit einer Kette beispielsweise lassen sich auch Anbauteile sichern.

Als besonders sicher gelten **Bügelschlösser** – sie bestehen aus einem U-förmigen Metallkörper und einem Schlosszylinder mit zwei Öffnungen. Sie sind aber auch unflexibel. Idealerweise probiert man vor dem Kauf, ob sich ein Bügelschloss am eigenen Pedelec sinnvoll befestigen lässt. Bei der Gelegenheit kann man auch gleich testen, ob eine mitgelieferte oder optionale Halterung

DIE 3 WICHTIGSTEN ERGEBNISSE DES SCHLOSSTESTS 2017

1 Nur fünf von 20 Fahrradschlössern im Test überzeugten: Trelock BS 650 (um 73 Euro), Kryptonite Evolution 4 LS (um 85 Euro), Decathlon BTwin 920 (um 30 Euro), Abus Granit Plus 640/135 HB 2 30 Tex KF (um 97 Euro) und Abus Granit City-Chain X Plus 1060 (um 160 Euro).

2 Sieben in der Funktion einwandfreie Schlösser mussten abgewertet werden, weil deren Griffe und Ummantelungen in zu hohen Konzentrationen gesundheitsschädigende polyzyklische aromatische Kohlenwasserstoffe (PAK) oder den Weichmacher Phthalat enthielten.

3 Dünne Kabel- und Spiralkabelschlösser haben schon in vorangegangenen Tests derart eindrücklich versagt, dass die Stiftung Warentest auf eine erneute Überprüfung verzichtete.

Quelle: test 8/2017

ans Zweirad passt. Zum Schutz des Pedelecs sind Schlösser ideal, deren Bügel mit Kunststoff ummantelt sind. Hat der Bügel einen weichen, elastischen Kern, ist er vor Aufbruchversuchen mit Kältespray gefeit. Das Bügeläußere sollte aus gehärtetem Spezialstahl bestehen. Die Spitzenmodelle der Hersteller sind auch vor Schlossknackern (neudeutsch: „Lock Picker“) geschützt.

Ein offensichtlicher Nachteil des Bügelschlosses ist die Kürze des Bügels – schon aus praktischen Gründen kann der nicht beliebig groß sein; mit zunehmendem Umfang bietet der Bügel Dieben zudem bessere Möglichkeiten, sie mit einem hydraulischen Wagenheber auseinanderzudrücken.

Eine Alternative sind die zollstockähnlichen **Faltschlösser**. Gute Modelle sind ähnlich robust wie Bügelschlösser; durch ihren Faltmechanismus einerseits kompakt, wenn sie nicht gebraucht werden, bei Bedarf aber lang genug, um etwa auch einen massiven Laternenmast zu umspannen.

Die konservative Variante des Faltschlosses sind **Panzerkabel**- und **Kettenschlösser**. Sie sind flexibler beim Anketten des Zweirads und seiner Anbauteile, können aber bei hoher Solidität schon schwer und sperrig ausfallen.

Ketten sind die erste Wahl, wenn ein möglichst beweglicher Diebstahlschutz gefordert wird – keine andere Sicherung lässt sich so vielfältig um Masten und Fahrrad schlingen. Kettenschlösser gibt es als Einheit, man kann aber auch eine Kette mit ei-

Pfahl-Bau
Eine ummantelte Kette schützt den E-Bike-Lack und fixiert das Pedelec ausreichend sicher.

nem separaten Vorhängeschloss kombinieren – die Robustheit beider Komponenten entscheidet über den praktischen Nutzen.

Panzerkabel sind etwas steifer und meist auch nicht so lang wie Ketten. Panzerkabelschlösser sind eine Einheit aus Seil und Verriegelung – an die Qualität beider Bestandteile werden die selben Anforderungen wie an Bügelschlösser gestellt. Im letzten Test der Stiftung Warentest im Juli 2017 lag die Stabilität der geprüften Panzerkabelschlösser unter der guter Bügelschlösser – das muss aber nicht für alle im Markt befindlichen Produkte gelten.

Auch an Panzerkabel- und Kettenschlössern ist eine langlebige Ummantelung des Schlosses wichtig, um Kratzer im Pedelec-Lack zu vermeiden.

Rahmen- und **Spiralkabelschlösser** taugen nur als Ergänzung anderer Sicherungen beziehungsweise als Kurzzeitschutz, während man beispielsweise schnell ein paar Brötchen kauft. Rahmenschlösser sichern als Wegfahrsperre lediglich das Hinterrad, Spiralkabel wirken wie Ketten oder Panzerkabel, sind aber wegen ihres dünneren und leichteren Materials schon mit einfachem Werkzeug zu knacken.

Die VdS Schadenverhütung GmbH (ursprünglich: Verband der Sachversicherer), ein Unternehmen des Gesamtverbands der Deutschen Versicherungswirtschaft (GDV) zertifiziert auch Fahrradschlösser in den Klassen A+ und B+. Eine aktuelle Übersicht findet sich online bei vds.de/de/verzeichnisse/pmst-produkte unter „Zweiradschlösser".

→ Wie sinnvoll sind Sirenen?

Verschiedene Hersteller bieten Fahrradschlösser mit integrierten Sirenen an. Wie alle Alarmvorrichtungen können diese Diebe abschrecken, müssen es aber nicht; an Plätzen mit wenig Publikum dürften abgebrühte Langfinger ein fiependes Velo ungerührt wegtragen. Umgekehrt kann es auch an sehr belebten Plätzen vorkommen, dass sich niemand um das Geräusch kümmert – sei es aus Gleichgültigkeit, sei es, weil man Quelle oder Auslöser nicht lokalisie-

Solide Sache
Bügelschlösser sind vergleichsweise kompakt, gute Modelle auch von Profis nur schwer zu knacken.

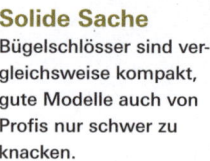

ren kann. Sirenen, die auf Erschütterungen, also vermeintliches Wegtragen des Pedelecs reagieren, könnten an verkehrsreichen Standorten oder in der Nähe von Baustellen Fehlalarme provozieren, was eventuelle Anwohner eher wenig erfreut.

Auch eigenständige Alarmanlagen sind als Zubehör erhältlich. Alles Gesagte gilt grundsätzlich auch für sie. Ein möglicher Vorteil ist, dass man deren Sirene auch per Fernbedienung aktivieren kann. Entreißt einem ein dreister Dieb etwa an einer Ampel das Pedelec, kann man die Sirene per Fernbedienung aktivieren.

Pedelec richtig abschließen

- Bringen Sie Schlösser immer so hoch wie möglich an, damit sich Langfinger mit ihrem Werkzeug nicht am Boden abstützen können.
- Befestigen Sie wenigstens ein Schloss am Oberrohr des Rahmens oder einem anderen geschlossenen Teil des Rahmens.Teure und/oder leicht zu entfernende Anbauteile nehmen Sie mit.
- Sichern Sie mit einem flexiblen Schlosstyp die Laufräder und schwere Anbauteile.
- Gelegenheit macht Diebe – schließen Sie Ihr Pedelec immer ab, wenn Sie es unbeaufsichtigt lassen müssen. Pkw-Fahrradträger sind keine Garage – es wurden schon nicht verankerte Velos während Rotphasen an Ampeln vom Fahrradträger gestohlen.
- Wer sein Pedelec regelmäßig an derselben Stelle auf privatem Grund abschließen muss, kann einen geeigneten Diebstahlschutz (eine Kette mit getrenntem Vorhängeschloss dürfte sich empfehlen) dort etwa an einem Fahrradständer deponieren – dessen Gewicht muss man dann nicht bewegen.
- Ein solides Schloss muss kein Vermögen kosten. In der letzten Untersuchung der Stiftung Warentest gab es „gute" Produkte ab 30 Euro. Dennoch: Falsche Sparsamkeit ist bei der Sicherung Ihres Eigentums fehl am Platze – als Faustre-

gel gilt: Etwa 200 Euro sollte man bei wertigen Pedelecs in zwei Schlösser investieren.

Mehr Sicherheit mit GPS?

Pedelecs enthalten ohnehin Elektronik – warum also nicht gleich ein Ortungssystem einbauen? Der Schweizer Hersteller Stromer etwa bietet Elektro-Drahtesel mit der Möglichkeit an, sie per Global Positioning System (GPS) orten zu können. Der Anbieter Haibike vermarktet zusammen mit der Deutschen Telekom ein „eConnect" genanntes umfassendes Sicherungssystem. Andere Firmen bieten ins Rücklicht integrierte Ortungssysteme („velocate") oder Kleinsender zum Verschrauben („insect", „Rexbike") an (ab 120 bis etwa 200 Euro).

Ab Werk integrierte Systeme dürften Diebe wirksam abschrecken, denn sie lassen sich nicht mal eben ausbauen. Die nachträglich angebrachten Sender könnten zumindest kundigen Kriminellen auffallen.

Je nach Typ benötigen die Sender eine SIM-Karte fürs Mobilfunknetz, wodurch weitere Kosten entstehen. Die meisten Produkte senden dem Eigentümer eines Pedelecs eine Nachricht aufs Handy, wenn sie Diebstahlversuche registrieren. Bemerkt ein Dieb den Peilsender nicht sofort, lässt sich der Standort eines gestohlenen Velos recht genau lokalisieren. Man muss aber realistisch sagen: Wegen eines Pedelecs wird die Polizei kein ganzes Hochhaus durchsuchen, wenn von dort das Signal kommt.

Manche der angebotenen Systeme funktionieren auch als Notruf: Stürzt man etwa, wird ein zuvor hinterlegter Teilnehmer benachrichtigt.

Die richtige Versicherung

Hat man bereits eine Hausratversicherung, ist ein Pedelec in den meisten Fällen gegen Diebstahl vom eigenen Grund versichert. Manche Assekuranzen schließen elektrische und andere besonders hochwertige Fahrräder vom Standardschutz aus – ein Blick in den Vertrag klärt die Sachlage. Anders als der Name suggeriert, kann man das Velo über die Hausratversicherung auch gegen Diebstahl außerhalb der eigenen Wohnung versichern – das kostet allerdings extra. Die Höhe des Zuschlags richtet sich nach den örtlichen Diebstahlzahlen – in der Fahrradhochburg Münster etwa ermittelte die Stiftung Warentest einen Aufpreis von 350 Euro pro Jahr. Dort und an anderen Orten mit hohen Fallzahlen ist eine eigene Fahrradversicherung meist günstiger. Zudem deckt sie außer Diebstahl weitere Eventualitäten ab, etwa Vandalismus und Unfälle. Eine pauschale Empfehlung lässt sich hier leider nicht aussprechen – man muss jeweils die für den Wohnort geltenden Angebote vergleichen.

Auch wenn nur zehn Prozent der gemeldeten Fahrraddiebstähle aufgeklärt werden: Wer von der Versicherung nach einem Pedelec-Diebstahl Geld haben will, muss ihn in jedem Fall anzeigen.

Ausfahrt mit Schwung
Pedelecs erlauben ausgedehnte Urlaubsfahrten.

Mit dem E-Bike verreisen

Pedelecs bieten sich für längere Ausfahrten geradezu an. Wer bisher schon Fahrradtouren unternommen hat, sollte sich aber nicht völlig ohne Vorbereitung in den Elektrourlaub stürzen.

Wichtigste wie naheliegendste Besonderheit: Der Akku des E-Bikes will jeden Abend an die Steckdose. In Hotels ist es normalerweise kein Problem, elektrische Geräte aufzuladen. Auf Auslandsreisen muss man eventuell an Steckdosenadapter denken, außerhalb Europas muss das Ladegerät auch auf eine andere Netzspannung vorbereitet sein – ein Blick aufs Typenschild des Laders schafft Klarheit.

Eine Übersicht der weltweit gebräuchlichen Netzspannungen und -stecker bietet die deutschsprachige Wikipedia-Online-Enzyklopädie (Suchbegriff „Netzstecker" eingeben). In Jugendherbergen und anderen Unterkünften/Raststationen sollte man aber klären, ob Lademöglichkeiten bestehen und was deren Nutzung eventuell kostet.

Die Strecke einer Pedelec-Ausfahrt unterscheidet sich nicht von der einer Tour mit dem Standard-Drahtesel – Tipps für landschaftlich oder geschichtlich reizvolle Touren finden Sie im Internet beispielsweise unter radnetz-deutschland.de. Auch der Allgemeine Deutsche Fahrrad-Club ADFC informiert auf seinen Seiten: adfc.de/adfc-rei senplus/uebersicht-reisenplus.

Unter naviki.org findet sich ein kostenloser Routenplaner speziell für Radler, der freie Kartendienst Open Street Map listet unter wiki.openstreetmap.org/wiki/DE:Bicy cle Fahrradkarten auf, interessante Routen bietet auch radweit.de. Schließlich kennt auch der Routenplaner der Internetsuchmaschine Google die Option, Strecken für Fahrräder zu berechnen.

Das E-Bike transportieren

Pedelecs sind schwerer als konventionelle Fahrräder, mit dem Akku haben sie ein in bestimmten Situationen gefährliches Bauteil an Bord – beides macht den Transport komplizierter. Vorhandene Fahrradträger für Wohnmobil oder Pkw sollte man nur benutzen, wenn sie zweifelsfrei das höhere Gewicht eines oder mehrerer Pedelecs tragen.

Weitere Einschränkungen: Aufs Dach hievt man die schweren Pedelecs ungern (manch Untrainierter wird es auch gar nicht schaffen), das Zusatzgewicht auf dem Dach ändert den Pkw-Schwerpunkt und damit das Fahrverhalten. Besser sind entsprechend robuste Träger für die Anhängerkupplung. Besonders komfortable Vertreter dieser Bauart bringen eine Hebemechanik mit („Eufab Bikelift"), mit der sich die Pedelecs in Straßenhöhe auf die Halterung schieben lassen. Andere Fabrikate erleichtern das Laden durch Schienen.

Den Akku nimmt man während der Fahrt aus dem Pedelec. Sollten die Ladekontakte dann offenliegen, empfiehlt es sich, sie abzudecken – zur Not zieht man eine Kunststofftüte darüber. Die Akkus packt man am besten in den Kofferraum, idealerweise in einer Decke oder anderen Polsterung eingeschlagen. Beachten Sie im Sommer die erlaubten Lagertemperaturen des Akkus (siehe auch Seiten 44 ff.) – eventuell müssen Sie am Ziel eine Abkühlpause für die Batterien einlegen.

Für Pedelecs in der Bahn gelten dieselben Regeln wie für konventionelle Fahrräder: Im Nahverkehr ist die Mitnahme kein Problem; in vielen Städten haben aber die lokalen Verkehrsverbünde das letzte Wort. So sind vielerorts Fahrräder während des Berufsverkehrs nicht erlaubt, die Aufpreise für den Zweiradtransport verschieden.

Im DB-Fernverkehr beträgt der Aufpreis fürs Velo zum Redaktionsschluss 9 Euro; der Stellplatz muss vorab reserviert werden. Ähnlich halten es auch die wenigen anderen Fernzugbetreiber. ICEs sind bis auf Weiteres fahrrad- wie pedelecfrei. Mit dem neuesten ICE-4 ändert sich das – mit acht Radplätzen ist das Angebot aber überschaubar. Zudem kann es trotz Reservierung immer passieren, dass wegen technischer oder betrieblicher Probleme ein älterer ICE-Typ eingesetzt wird – dann hat man mit dem Pedelec ein Problem.

Fernbusse sind unterschiedlich auf Drahtesel vorbereitet. Viele bieten Platz im Gepäckanhänger oder -träger, andere haben nur Platz im Gepäckraum unter dem Fahrzeug. Dafür muss das Pedelec allerdings als Gepäckstück verpackt sein, also: Pedale ab, Vorderrad raus, Akku sicherheitshalber entfernen, Lenker querdrehen und alles in einer Tasche oder einem großen Karton verstauen. Am Ziel aufsitzen und losradeln geht mit dieser Transportmöglichkeit nicht. Auch die Fernbusbetreiber lassen sich den Zweiradtransport bezahlen – man muss einen Fahrradfahrschein buchen. Idealerwei-

Wie ein Velo
Im öffentlichen Nahverkehr gelten für E-Bikes die gleichen Bedingungen wie für konventionelle Fahrräder.

se tut man dies so früh wie möglich – in und an den Bussen ist nur begrenzt Platz.

Schwierig bis unmöglich ist die Mitnahme von Pedelecs auf Flugreisen. Im Laderaum haben die Akkus nichts zu suchen – es stürzte tatsächlich schon einmal ein Flugzeug wegen unsachgemäß verstauter Batterien im Frachtraum ab. In die Kabine dürfen sie aber auch nicht. Theoretisch kann man die Akkus getrennt als Gefahrgut der Klasse 9 verschicken, sofern dieses nach der UN-Transportklasse T38.3 spezifiziert ist – das empfiehlt sich aber eher bei einem Umzug, nicht für einen Urlaub.

Nicht nur auf Flugreisen kann es also durchaus sinnvoll sein, das eigene Pedelec im heimischen Fahrradkeller zu lassen und vor Ort eines zu leihen; gängig sind Tarife von 140 bis 180 Euro pro Woche. Auf der Internetseite des ADFC findet sich eine Übersicht von Mietstationen, auch die gemeinsame Webseite einiger Pedelec-Händler listet Vermietstationen auf: emotion-technologies.de/e-bike-erlebnisse/e-bike-verleih. An Bahnhöfen tummeln sich Pedelecs dieses Anbieters: e-bike-stationen.de.

Hilfreiche Apps für Pedelec-Fahrer

E-Bike-Ladestationen

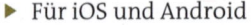

- Für iOS und Android
- Gratis
- Nie mehr ohne Strom: Die App des Onlineradshops fahrrad.de zeigt per interaktiver Karte die E-Tankstellen in Deutschland, Österreich und der Schweiz an.

Naviki

- Für iOS und Android
- Gratis, mit In-App-Käufen
- Wo geht's lang? Die App zeigt den Weg von A nach B, Touren können am PC erstellt oder aus der Naviki-Community geladen werden. Features wie die Navigation inklusive Sprachsteuerung kosten allerdings extra.

Erste Hilfe

- Für iOS und Android
- 1,09 Euro (iOS), 0,89 Euro (Android)
- Die App des Deutschen Roten Kreuzes kann richtig wertvoll sein, denn sie bie-

tet im Notfall wichtige Tipps für die Erste Hilfe vor Ort, etwa als Zeuge eines schwereren Fahrradunfalls. Zudem kann aus der App heraus ein Notruf getätigt werden.

Mountainbike-Werkstatt

- Für iOS und Android
- 4,49 Euro (iOS), 3,99 Euro (Android)
- Als Fahrradwerkstatt in der Hosentasche bietet diese App viele praktische und anschauliche Anleitungen für Einstellungen und Reparaturen. Allerdings liegt der Fokus klar auf dem Thema Mountainbike. Der Elektromotor hingegen spielt hier bislang keine Rolle.

Fahrradpass

- Für iOS und Android
- Gratis
- Gib mir mein Rad zurück: Mit dieser App können Fahrradbesitzer die Daten ihrer Räder verwalten, also Rahmennummer, Codiernummer oder Ausstattungsdetails. Diese Informationen können nach einem Diebstahl helfen, das Fahrrad zu identifizieren. Dazu können Polizei und Versicherung mithilfe der App schnell über einen Diebstahl informiert werden.

Komoot

- Für iOs und Android
- Gratis, mit In-App-Käufen
- Wegweisend: Die Navigations-App gibt Tipps für Touren rund um den Globus und erlaubt die Planung eigener Touren. Die Kartendaten können auch heruntergeladen und offline genutzt werden. Die Karte für eine Region der Wahl ist gratis, weitere Regionen kosten 3,99 Euro, das Komplettpaket gibt es für 29,99 Euro. Im Aufzeichnungsmodus fungiert die App zudem als Fahrradcomputer.

Bett+Bike

- Für iOS und Android
- Gratis
- Gute Rad-Reise: Die App des Allgemeinen Deutschen Fahrrad-Club ADFC kennt rund 5 800 fahrradfreundliche Unterkünfte in ganz Europa, vom Campingplatz bis zum Luxushotel. Unterkünfte können nach vielen Kriterien gesucht werden, bei Bedarf navigiert die App gar zum gewählten Ziel.

ADAC Fahrrad Tourenplaner 2017

- Für iOS und Android
- 4,99 Euro
- Große Auswahl: Die ADAC-App bietet mehr als 8 000 Fahrradtouren in Deutschland, mit detaillierten Informationen, Kartenmaterial und Sprachnavigation. Eigene Strecken können geplant und gefahren werden. Dank Offlinefunktion funktioniert die Navigation auch ohne Handysignal.

Das E-Bike pflegen und warten

Pedelecs bleiben im Wesentlichen Fahrräder. Das gilt auch für die Pflege und kleinere Reparaturen. Der Motorantrieb stellt aber besondere Forderungen an die Wartung – E-Bikes sind deshalb öfter ein Fall für die Profi-Werkstatt.

Bei Display, Motor und Akku sind die Eingreifmöglichkeiten eines normalen Nutzers begrenzt. Was man selbst machen kann und was die Fehlercodes der verschiedenen Hersteller bedeuten, erläutern wir ausführlich auf den folgenden Seiten. Ansonsten beschränkt sich die Fehlersuche bei Antrieb, Akku und Display darauf, ob überhaupt Strom fließt und Kabel oder Sensoren sichtbar beschädigt beziehungsweise dejustiert sind.

Aber ein Pedelec ist ein Fahrrad – die daran typischen Einstellungen und Probleme kann man auch an dessen Elektrovarianten mit etwas Geschick selbst erledigen. Nur das höhere Gewicht kann bei manchen Arbeiten ungewohnte Probleme bereiten. Ein bisher für normale Fahrräder genutzter Montageständer kann damit eventuell überfordert sein.

Im Rahmen dieses Ratgebers können wir nicht auf alle Spezialitäten und Hersteller-Besonderheiten eingehen – die Stiftung Warentest bietet mit „Fahrradreparaturen" ein 350-seitiges Handbuch zu diesem Thema an.

Das richtige Werkzeug

Viel Werkzeug braucht man nicht für Wartung und Reparaturen eines Pedelecs. Wer bisher schon an seinen Zweirädern geschraubt hat, hat schon fast alle wichtigen Tools beieinander.

Mit den Arbeitsgeräten, Werkstoffen und Hilfsmitteln, die wir in der Checkliste rechts auflisten, sollten Sie für alles gerüstet sein, was man als Nutzer selbst an einem Pedelec justieren und reparieren kann. Ähnlich wie bei anderen Produkten setzen aber manche E-Bike-Hersteller auch auf Spezialschrauben oder -bauteile – im Einzelfall sind also weitere Arbeitshilfen erforderlich.

Die richtige Halterung

Alle Arbeiten rund ums Pedelec sollten Sie in einem trockenen Raum erledigen. Optimal für Arbeiten an den Pedelecs und E-Bikes sind Montageständer aus dem Zubehörhandel (ab etwa 50 Euro), dank derer alle Stellen bequem und sicher erreichbar sind. Es gibt für Garage oder Keller auch entsprechende Wandhalterungen. Für alle Halterungen gilt aber, dass sie das höhere Pedelec-Gewicht tragen können müssen.

So mancher einfache Fahrrad-Montageständer kann damit überfordert sein, was zu vermeidbaren Unfällen führt. Heimwerker basteln sich eine passende Haltevorrichtung vielleicht selbst. Auch dann gilt es, die Last des Elektrofahrrads einzukalkulieren.

Zur Not stellt man das Pedelec für die Arbeiten, bei denen es stehen muss, ebenerdig mit dem Fahrradständer auf.

Sind Teile zu warten, die besser von unten zu erreichen sind, dreht man das Pedelec auf den Kopf. Beachten Sie einmal mehr das höhere Gewicht im Vergleich zum konventionellen Fahrrad. Wenn Sie allein nicht in der Lage sind, das Zweirad sicher zu heben und zu senken, organisieren Sie sich Helfer. Zudem müssen Sie vor dem Kopfstand des Bikes alle losen Teile entfernen.

Sorgen Sie für eine saubere, trockene Unterlage. Ein Wellkarton in der Länge des Velos ist ideal; dünne Lappen unter Sattel und Lenker schützen diese vor Beschädigungen. Achten Sie an Pedelecs besonders auf das teure Display: Je nach Größe und Lenkerbauform würde es beim Kopfstand beschädigt – dann müssen Sie es vorher abbauen.

An Display, Motor und Akku ist Ihr Wirkungsbereich begrenzt. Nach einer allgemeinen Einführung im Kapitel „Pedelec-typische Probleme lösen“ ab Seite 124 gehen wir auf die spezifischen Fehlermeldungen der verbreitetsten Antriebhersteller ein. Beachten Sie, dass sich diese nach einem Softwareupdate des Systems verändern können.

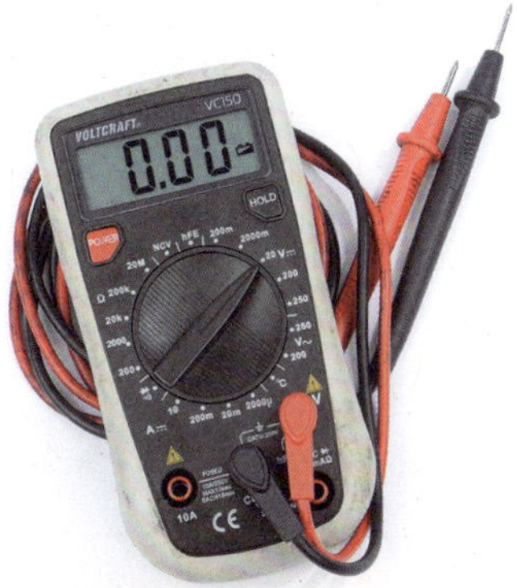

Checkliste

Der Pflege- und Werkzeugkasten für E-Radler

- ☐ Ein Werkzeugkoffer schafft Ordnung und Übersicht
- ☐ Satz Maulschlüssel (8–19 mm)
- ☐ Satz Inbussechskantschlüssel (4–10 mm)
- ☐ Satz Innensechskantschlüssel (2–8 mm)
- ☐ Torxschlüssel (T 20, T 25, T 30)
- ☐ Kombizange
- ☐ Kettenmesslehre
- ☐ Speichenschlüssel (Nippelspanner)
- ☐ Drehmomentschlüssel
- ☐ Kreuzschlitz-Schraubendreher
- ☐ Schlitz-Schraubendreher
- ☐ Kettennieter oder Kettenverschlusszange
- ☐ 2 bis 3 Reifenheber
- ☐ Standpumpe, am besten mit Luftdruckanzeige
- ☐ Schlauch-Flickset oder Ersatzschlauch
- ☐ Wasserwaage
- ☐ Maßband/Meterstab
- ☐ Jo-Jo oder anderes Lot
- ☐ Kabelbinder für alle möglichen Zwecke
- ☐ Pflege: Bremsenreiniger, Kontaktspray, Kriechöl, Kettenöl
- ☐ Küchenrolle (Papier zum Putzen)
- ☐ Putzlappen (Stoff)
- ☐ Reinigungsbürsten
- ☐ Spülmittel bzw. Haushaltsreiniger
- ☐ Azeton oder Fettlösemittel
- ☐ Blatt Papier und Bleistift
- ☐ Multimeter (Elektro-Universalmessgerät)
- ☐ Bei Modellen mit Federgabeln: Dämpferpumpe

Vor der ersten Ausfahrt

Gerade mit Pedelecs aus dem Versandhandel ist man auf sich allein gestellt. Vor der ersten Fahrt wollen Lenkung, Bedienhebel und Sattel in die optimale Position gebracht werden.

Alles im Griff am Steuer. Ermüdungsfrei und sicher fährt es sich auf Fahrrad und Pedelec nur, wenn der Lenker und die daran angebrachten Hebel und Instrumente gut zu greifen beziehungsweise zu sehen sind.

Am Lenker müssen die Griffe sowie Brems- und Schalthebel gut erreichbar sein. Um die Hebel auszurichten, lösen Sie die Innensechskantschrauben an Schalt- und Bremshebeln. Achten Sie beim Bewegen der Hebel darauf, eventuelle Beschichtungen des Lenkers nicht zu zerkratzen.

Die Hebel sollten Sie auf dem Lenker so platzieren, dass Sie sie während der Fahrt bequem aus Ihrer Sitzposition erreichen. Um Maß zu nehmen, setzen Sie sich auf den Sattel des Fahrrads. Mountainbike-Bremshebel müssen sich mit ein bis zwei, die Hebel anderer Radtypen mit drei bis vier Fingern bequem bewegen lassen.

Auch die Neigung der Bremshebel muss stimmen. Wenn Sie im Sattel sitzen, sollten die Hebel in einer gedachten Linie Ihren Unterarm verlängern. Eventuell winkeln Sie die Handgelenke leicht an – hier dürfen Sie nach Ihrem Wunsch entscheiden. Die Bremshebel sollen angenehm in Ihrer Hand liegen. Wenn die Position der Bremshebel passt, ziehen Sie die Innensechskantschrauben wieder fest.

Wenn die Position der Bremshebel stimmt, gilt das Augenmerk als Nächstes der Hebelweite – also dem Punkt, ab dem die Bremse greift. Je nach Modell haben die Bremshebel eine Einstellschraube oder ein Einstellrad. Wenn Sie den Hebel bequem greifen können und er bei voller Bremswirkung etwa parallel zum Lenker steht, stimmt die Hebelweite.

Zu guter Letzt bringen Sie Schalthebel und Bremshebel zueinander – sofern diese nicht ohnehin in einem Bauteil vereint sind. Auch die Gangwahl soll ja während der Fahrt gut erreichbar sein. Rücken Sie dazu den oder die Schalthebel an die Bremshebel heran und richten Sie diese entlang deren Neigung aus – so, dass Ihre Finger den oder die Hebel gut greifen können. Eine kurze Probefahrt klärt, ob alles passt.

Den Sattel richtig einstellen

Bei normaler Fahrt sitzt man auf einem Pedelec – die Sitzhöhe, der Abstand des Sattels zum Lenker sowie die Neigung des Sattels müssen dem Fahrer angepasst sein.

Einstellungssache
Die Sattelposition muss an die Fahrerin oder den Fahrer individuell angepasst werden.

1. **Für die richtige Sitzhöhe** können Sie sich gegebenenfalls an Ihrem bisherigen Rad orientieren. Messen Sie den Abstand von der Kurbelmitte bis zur Satteldecke.
2. Lösen Sie dann am Pedelec die Schraube der Sattelstützenklemme, stellen Sie die gemessene Höhe ein und ziehen Sie die Schraube wieder fest.
3. Falls das Pedelec Ihr erster Drahtesel ist, Ihnen also eine Referenz fehlt, nehmen Sie einfach Platz! Bewegen Sie ein Pedal auf den tiefsten Punkt, bringen Sie den Sattel ungefähr auf Ihre Höhe und ziehen die Klemme wieder fest. Setzen Sie sich und strecken Sie das Bein senkrecht nach unten fast komplett durch. Wenn Sie bei durchgestrecktem Bein mit der Ferse auf dem Pedal stehen, sitzen Sie richtig.

Es folgt die Einstellung des Abstands des Sattels zum Lenker.

1. **Um die horizontale Position** einzustellen, den Sattel also vor oder zurück zu schieben, lösen Sie die Schrauben der Sattelklemmung per Innensechskantschlüssel. Markierungen auf den Sattelstreben zeigen in der Regel den Spielraum des Sattels nach vorne und hinten an.
2. Richtig ausgerichtet ist er, wenn wie im Bild oben beim Sitzen die Kniescheibe und das Pedal in vorderster Position lotrecht übereinanderstehen. Stellen Sie zur Kontrolle ein Pedal im 90-Grad-Winkel gerade nach vorn und legen Sie Ihren Fußballen auf das Pedal. Als „Messgerät“ reicht ein Jo-Jo oder ein Senkblei.

Die meisten Radfahrer bevorzugen eine exakt waagerechte Position. Mit einer Wasserwaage können Sie das überprüfen. Aber jeder Mensch ist anders:

1. **Zur Neigung des Sattels:** Drückt Sie der waagerecht gestellte Sattel beim Fahren im Schritt, neigen Sie ihn vorne etwas nach unten. Zwickt hingegen das Gesäß, schwenken Sie ihn hinten ein wenig höher – das geht mit der oder den Schrauben an der Sattelstütze.

Bewegung, bitte! Bei Cantilever- und V-Brakes sind vor allem die Drehpunkte und das Querkabel zu schmieren.

Wartung und Reparaturen

Routinearbeiten lassen sich an Pedelecs so einfach wie an konventionellen Fahrrädern erledigen. Am pflegebedürftigsten sind meist die bewegten Teile, also Schaltung, Kette und Bremsen.

Bremsen justieren und reparieren. Alle Naben- und Rücktrittbremsen gehören zur Klasse der Trommelbremsen. Dieser Bremsentyp ist sehr wartungsarm. Wenn es mit ihm aber doch einmal Probleme gibt, ist das meist ein Fall für den Fachmann.

Gängig sind an Pedelecs Felgen- und Scheibenbremsen. Wie im Kapitel „Das neue Element: Der Elektroantrieb" beschrieben können sie per Seilzug oder Hydraulik betätigt werden. Prinzipiell sind hydraulische Systeme laienkompatibel – aber selbst Praktiker, die die anderen hier beschriebenen Arbeiten mühelos meistern, schrecken vor der Arbeit daran zurück, weil das Werkeln an Hydrauliksystemen diffizil und langwierig ist (siehe das Interview ab Seite 121). Auch hier empfehlen wir, einen Fachmann einzuschalten.

An die eigentlichen Felgen- oder Scheibenbremsen können sich Pedelec-Neulinge bei etwas handwerklichem Geschick durchaus wagen – ebenso wie an die Bremsseilzüge.

Die Seilzüge warten und pflegen

Die Bremszüge sind Stahlseile, die meist durch Zughüllen geführt werden. Es hilft, sowohl an den Bremshebeln (dazu den Hebel bis zum Anschlag ziehen) wie an den Bremsen die Seilenden gelegentlich mit ein wenig Sprühöl zu pflegen.

Achten Sie aber unbedingt darauf, dass Bremsklötze oder -scheiben kein Öl abbekommen, wenn Sie die Seilenden fetten.

Nicht vergessen:
Auch das Kabel am Bremshebel und die Gelenke ölen.

Wenn Sie einen Lappen hinter das Seil halten, fängt der überschüssiges Fett auf.

Die Seilzüge können nach intensiver Nutzung einfach verschlissen sein und im Extremfall reißen. Da die Bremse ein sicherheitsrelevantes Bauteil ist, sollte man die Züge bei erkennbarem Verschleiß tauschen. Die Züge sind einzeln und ohne Zughülle im Handel erhältlich. Müssen sie ersetzt werden, kappt man die alten Züge und fädelt neue in die Zughülle.

Die Seilzüge für die Schaltung ähneln zwar denen für die Bremsen, sind aber dünner und dürfen daher keinesfalls verwendet werden. Wer es sich einfach machen will, findet im Handel fertig konfektionierte Bremsseilzüge samt Ummantelung und der passenden Nippel, die an Bremshebel und Bremse eingehakt werden.

Felgenbremsen

Dieser Bremsentyp drückt Bremsklötze gegen die Außenseiten der Laufradfelgen. Die Mechanik der Bremszangen sollte regelmäßig geölt werden – auch hierbei hält ein Lappen überschüssiges Öl von Bremsklötzen und Felgen ab.

Die Bremsklötze sind Verschleißteile – ein kurzer Blick auf ihren Zustand empfiehlt sich vor jeder Fahrt. Eine Mindesthöhe von 6 Millimetern sollten Bremsbeläge aufweisen – in der Regel verfügen die Bremsbeläge über eine Markierung als Verschleißindikator. Haben sie das Ende ihrer Lebensdauer erreicht, muss man sie austauschen.

Je nach Bremsenhersteller sind die Klötze ein einziges Bauteil, das in die Bremszangen verschraubt wird. An anderen Bremsen sitzen die Klötze in einer Art Halterung.

Scheibenbremsen

Scheibenbremsen sollten Sie regelmäßig pflegen und die Bremsbeläge kontrollieren.

1. Lösen Sie dazu als Erstes den Schnellspannhebel beziehungsweise die Radmuttern der Radachse und entnehmen das Laufrad. An neueren Pedelecs finden sich stattdessen oft sogenannte Steckachsen, die in ihrer Handhabung dem Schnellspanner ähneln. Besonde-

re Modelle können mit nur einer halben Drehung geöffnet werden.

2. An Pedelecs mit Heckmotor müssen Sie zudem gegebenenfalls das Anschlusskabel abziehen. Achtung: Ziehen Sie nicht mehr am Bremshebel, sobald das Laufrad ausgebaut ist – denn dann fahren die Bremskolben aus und die Beläge können zusammenkleben! Nähern Sie sich auch den Bremsscheiben mit Bedacht – diese sind scharfkantig. Um sie zu reinigen, verwenden Sie Bremsenreiniger oder Wasser. Greifen Sie nicht direkt mit den Fingern auf die Bremsscheiben – sie können fettige Beläge hinterlassen.

Einen ersten Eindruck vom Zustand der Bremsbeläge können Sie sich verschaffen, indem Sie einfach ein Blatt helles Papier hinter die Aufnahme der Bremsbacken halten und diese inspizieren. Ist klar erkennbar, dass sie verschlissen oder in mindestens fragwürdigem Zustand sind, bauen Sie sie aus, um sie gründlicher zu kontrollieren und/oder zu ersetzen.

3. Entfernen Sie dazu die Halterung der Beläge – meist ist es ein Sicherungsstift, oft eine kleine Schraube. Auch Kombinationen beider Teile sind gängig. Jetzt können Sie die Bremsbeläge entnehmen.
4. Eventuell müssen Sie nachhelfen und mit den Fingern die Beläge aus dem Bremssattel drücken. Nutzen Sie dazu keine scharfkantigen Werkzeuge, diese könnten die Beläge beschädigen.
5. Halten Sie die Beläge in den Händen, können Sie deren Zustand inspizieren. Sind sie stark abgenutzt, tauschen Sie sie aus.
6. Drücken Sie dazu zunächst die Bremskolben zurück – ein stumpfes Plastikteil wie beispielsweise ein Reifenheber ist dafür ideal. Scharfkantige Werkzeuge sind auch für diese Arbeit tabu, denn die Bremskolbendichtungen sind sensible Bauteile.
7. Bevor Sie neue Bremsbeläge montieren, reinigen Sie den Bremssattel. Am einfachsten geht das, wenn Sie einen mit Bremsenreiniger getränkten Lappen einige Male durch die Bremse ziehen. Bei der Gelegenheit wischen Sie auch das Äußere des Bremssattels.
8. Nun können Sie die neuen Bremsbeläge in die Bremse einsetzen. Arbeiten Sie sorgfältig – an die Beläge darf beim Einsetzen kein Öl oder Fett gelangen.
9. Zum Schluss schieben Sie den Sicherungsstift samt Splint wieder in die Bremse, setzen das Laufrad ein und ziehen Schnellspanner beziehungsweise Radmutter fest.
10. An hydraulischen Bremsen ziehen Sie vor der ersten Fahrt ein paar Mal an den Bremshebeln, damit sich Druck aufbaut. Auch die neuen Beläge müssen eingebremst werden (siehe Kapitel „Mit dem E-Bike unterwegs“).

Treffsicher
Schaltkäfig (links) und Umwerfer (rechts) müssen die Kette exakt an die richtige Position befördern.

Die Kettenschaltung warten

Ähnlich wie Nabenbremsen sind auch Nabenschaltungen wartungsarm, bei einem Defekt aber am besten beim Fachmann aufgehoben.

Kettenschaltungen hingegen kann ein engagierter Laie justieren und gegebenenfalls reparieren.

Relevant sind die beweglichen Teile der Kettenschaltung – das sogenannte Schaltwerk (das Teil der Schaltung, das die Kette über die verschiedenen Ritzel des Hinterrads bewegt) und der Umwerfer, der die Kette bei entsprechenden Modellen auf einen der zwei oder drei Kränze am Tretlager legt.

Beginnen wir mit dem Schaltwerk – dem muss man seine Grenzen aufzeigen.

Zunächst wird der Außenanschlag eingestellt, also der Punkt, bis zu dem sich die Kette bewegen darf, um das äußerste Ritzel zu erreichen. Sitzt dieser Punkt daneben, schaltet das Pedelec nicht richtig, im schlimmsten Fall springt die Kette ab.

1. Zum Justieren schalten Sie die Kette in Fahrtrichtung betrachtet nach rechts, also auf das äußerste (kleinste) Ritzel. Drehen Sie nun die kleine, meist mit einem „H“ gekennzeichnete Schraube so, dass das kleinste Ritzel in einer Linie mit der Leitrolle des Schaltkäfigs steht.
2. Für den Innenanschlag wiederholen Sie diesen Vorgang – nur schalten Sie die Kette jetzt auf das größte Ritzel und positionieren die Schraube „L“ so, dass die Leitrolle des Schaltwerks mit dem Zahnrad auf einer Linie steht.
3. Jetzt gilt es, den Umschlingungswinkel der Kette zu justieren, also zu definieren, wie weit die Kette das jeweilige Ritzel umgreift. Am Schaltwerk befindet sich dazu eine ganz kleine Schraube in der Nähe des sogenannten Schaltauges – das ist der Bügel, der das Schaltwerk mit dem Fahrrad verbindet. Diese Einstellung stimmt, wenn zwischen oberem Schaltröllchen und größtem Ritzel 5 bis 6 Millimeter liegen.
4. Als Letztes prüfen Sie, ob sich alle Gänge sauber durchschalten lassen. Falls Ihr Pedelec mehrere Kettenblätter hat, setzen Sie die Kette auf das größte.

Halte-Position
Das Schaltauge (das blanke Metallteil am Ausfallende) darf nicht verbogen sein.

Jetzt gehen Sie mit dem Schalthebel die Gänge durch.

5. Hakt die Schaltung, korrigieren Sie die Zugspannung über die Einstellschraube am Schalthebel. Drehen gegen den Uhrzeigersinn schiebt das Schaltwerk in Fahrtrichtung gesehen nach links, also auf die inneren Ritzel. Drehen im Uhrzeigersinn schiebt das Schaltwerk in die entgegengesetzte Richtung, also nach rechts zu den äußeren Ritzeln.

An Pedelecs mit mehreren großen Kettenblättern an der Kurbelachse macht der sogenannte Umwerfer genau dies – er wirft die Kette vom größeren Blatt auf das kleine und hebt es vom kleineren auf das größere. Üblicherweise ist er an der Sattelsäule des Zweirads befestigt. Korrekt steht er parallel zum Kettenblatt. Störende Schleifgeräusche während der Fahrt sind ein Indiz dafür, dass an dieser Stelle Handlungsbedarf besteht.

1. Der Abstand zwischen Zähnen und Umwerfer sollte 2 bis 3 Millimeter betragen. Wenn die Position stimmt, ziehen Sie die Schraube an der Umwerferschelle gemäß der Drehmomentangaben des Herstellers fest.
2. Wie beim Schaltwerk müssen auch beim Umwerfer die Endanschläge stimmen. Um den Innenanschlag zu justieren, wechseln Sie den Gang auf das kleinste Kettenblatt und drehen die Schraube „L", bis die Kette das innere Leitblech des Umwerfers gerade nicht mehr touchiert.
3. Zur Einstellung des korrekten Außenanschlags schalten Sie auf das größte Kettenblatt und drehen dann die Schraube „H", bis das äußere Leitblech gerade keinen Berührungspunkt mit der Kette mehr hat. Nun sollten Sie die Kette problemlos über alle Kettenblätter dirigieren können.

Die erstbeste Möglichkeit, die korrekte Funktion der Schaltung zu kontrollieren, ist eine kurze Probefahrt. Besser geht es allerdings, während das komplette Rad fest an einem Montageständer hängt.

1. Falls die Kette nicht sauber über die Kettenblätter läuft, sollten Sie einmal

Wiedererkennungswert
Markieren Sie vor dem Wechsel die Ventilposition, greifen Sie dann den Reifen mit beiden Händen und bewegen Sie ihn auf der Felge nach unten.

mehr die Zugspannung des betreffenden Schalthebels am Lenker prüfen. Drehen am Einstellrad gegen den Uhrzeigersinn schiebt den Umwerfer nach außen; umgekehrt wandert er bei einer Drehung im Uhrzeigersinn nach innen.

Reifen/Schlauch wechseln

Die häufigste wie lästigste Panne an Fahrrädern mit und ohne Elektroantrieb sind Verschleiß oder Schäden an Reifen. Reifenplatzer während der Fahrt sind nicht nur ärgerlich, sondern auch potenziell gefährlich – zur gründlichen Wartung gehört daher auch eine regelmäßige Sichtkontrolle der Pneus. Achten Sie auf ein ausreichendes Profil. Scheint an einer Stelle des Gummis schon die Karkasse durch, ist es höchste Zeit für einen Reifenwechsel.

1. Bauen Sie dazu das Laufrad aus und lassen Sie die Luft vollständig aus dem Reifen. Dunlop- und Blitzventile müssen Sie aufschrauben, Schrader- und Auto-Ventile drücken, Sclaverand und sogenannte französische Ventile erst aufschrauben und danach drücken.
2. Drücken Sie nun den Reifen rundherum vom Felgenhorn (dem äußeren

---

Der richtige Luftdruck: Bei normalem Wetter fahren sich Standardreifen am besten, wenn sie bis nahe des angegebenen Maximums aufgepumpt werden. Am einfachsten geht das mit Luftpumpen mit integriertem Luftdruckmesser.
Im Winter kann man einen etwas geringeren Luftdruck zulassen – das vergrößert die Auflagefläche des Reifens und erhöht die Bodenhaftung. Den vom Hersteller vorgeschriebenen Minimalwert für den Luftdruck sollten Sie aber nie unterschreiten.

Tauchgang
Manchmal muss man den aufgepumpten Schlauch unter Wasser halten, um ein Leck zu finden (li.). Dann markiert man die Stelle (m.) und raut sie mit Schleifpapier an (re.), damit der Flicken besser hält.

Rand der Felge) Richtung Mitte ins Felgenbett.

3. Um den Reifen von der Felge zu trennen, müssen Sie die Reifenflanke über das Felgenhorn hebeln. Ideales Werkzeug hierfür ist ein Reifenheber aus Kunststoff – der hinterlässt keine Kratzer oder gar Scharten auf der Felge. Je nach Felgen- und Reifenmodell müssen Sie für eine erfolgreiche Aktion zwei Reifenheber ansetzen.
4. Ist der Reifen auf einer Seite vollständig von der Felge entfernt, ziehen Sie den Schlauch unterm Reifen heraus und heben den ganzen Pneu aus dem Felgenbett.
5. Behandeln Sie den Schlauch vorsichtig, um Schäden zu vermeiden. Ist nur der Schlauch defekt, kontrollieren Sie behutsam, ob sich Nägel, scharfkantige Steine oder andere Fremdkörper in den Mantel gegraben haben.
6. Ist die Felge von Altreifen und altem Schlauch befreit, kann der Ersatz drauf. Die Handgriffe sind dieselben, nur der Ablauf ist genau umgekehrt.
7. Bevor Sie loslegen, schauen Sie nach der meist auf der Flanke vermerkten Laufrichtung des Reifens. Stimmt die mit der des Rades überein, hebeln Sie mit dem Reifenheber zunächst eine Reifenflanke in das Felgenbett.
8. Pumpen Sie den Schlauch leicht auf, um ihm Gestalt zu verleihen – das erleichtert das Einsetzen und verringert das Risiko, den Schlauch zwischen Mantel und Felge einzuklemmen. Ist ausreichend Luft im Schlauch, schieben Sie ihn behutsam unter den Mantel. Prüfen Sie, dass der Schlauch nicht zwischen Mantel und Felge klemmt.
9. Sitzt er richtig, drücken Sie die zweite Flanke des Reifens in die Felge – beginnend auf der dem Ventil gegenüberliegenden Seite. Mit dem Daumen drücken Sie den Reifen in die Felge. Dass Sie auf dem letzten Stück kräftiger drücken müssen, ist normal. Falls es zu beschwerlich wird, hilft einmal mehr der Reifenheber. Der Reifen muss am Ende mittig auf der Felge im Felgenbett liegen.

⑩ Schauen Sie noch einmal gründlich rund um das Laufrad herum, ob der Mantel überall richtig sitzt und Sie den Schlauch nicht zwischen Felge und Mantel eingeklemmt haben. Sind Sie unschlüssig, drücken Sie kurz auf den Reifen und prüfen so, ob alles richtig sitzt.

⑪ Ist das der Fall, können Sie den Reifen aufpumpen. Gehen Sie nicht über den vom Reifenhersteller angegebenen Maximaldruck. Bei normalen Tourenreifen ist ein Druck von 3 bis 4 Bar gängig. Schmalere Reifen verlangen nach höherem, breitere nach niedrigerem Druck.

⑫ Ist die Luft im Schlauch, kontrollieren Sie, ob der Reifen im Wortsinne rundläuft: Einfach das Laufrad an der Achse halten und ein paar Runden um diese drehen.

⑬ Eiert der Reifen, sitzt er vermutlich nicht korrekt im Felgenbett. Um das zu korrigieren, hilft ein bisschen Spülmittelschaum: Lassen Sie die Luft wieder aus dem Schlauch und reiben die Reifenflanke mit etwas Schaum ein. Wenn Sie den Reifen anschließend wieder aufpumpen, sollte alles passen.

⑭ Sitzen Schlauch und Mantel auf der Felge und sind ausreichend befüllt, schließen Sie das Ventil, sofern es das nicht automatisch erledigt. Die Ventilkappe bewahrt das Ventil im Alltag vor Verschmutzungen, ist also nicht zwingend nötig. Auch der Nutzen der Mutter am Ventilende ist umstritten: Einerseits verhindert sie, dass der Schlauch wandert, andererseits kann sie zu Rissen am Ventil führen.

⑮ Ist das Laufrad komplett einsatzbereit, können Sie es wieder an Ihr E-Bike montieren. Am einfachsten geht dies, wenn Sie das Fahrrad dafür wieder auf den Boden setzen. So verhindern Sie beispielsweise, dass die Scheibenbremsen schleifen – das Laufrad sitzt sauber in seiner Position.

⑯ Schließen Sie den Schnellspanner beziehungsweise ziehen Sie die Radmutter wieder an. Faustregel für den Schnellspanner: Steht er im 90-Grad-

Ausgeleiert
Bei mehr als 3 Millimeter „Luft" sollte man die Kette austauschen.

Präzisere Kontrolle
Eine Verschleißanzeige (hier ein Rohloff-Modell) zeigt den Grad der Abnutzung an.

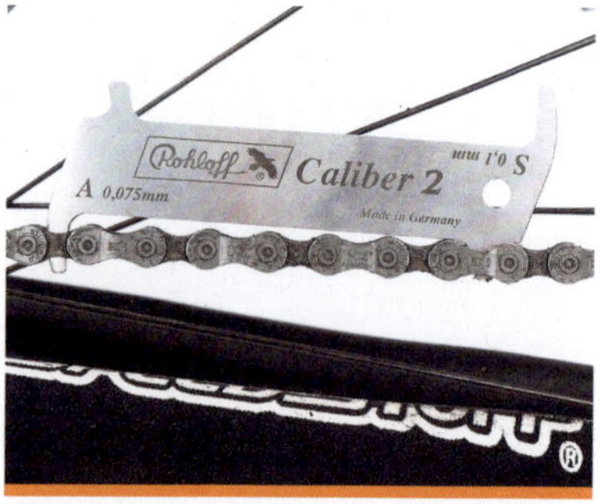

Winkel zum Fahrrad, ist er halb geschlossen – dann sollten Sie einen Widerstand spüren. Um den Schnellspanner vollständig zu schließen, sollte ein gewisser, aber nicht übermäßiger Kraftaufwand erforderlich sein. Der Schnellspannhebel soll weder Gabel noch Rahmen berühren und nicht vom Fahrrad abstehen. Machen Sie ihn so fest, dass Sie ihn aus der gewählten Lage heraus gut wieder öffnen können.

So warten und wechseln Sie die Kette

Die Kraftübertragung per altgedienter Kette ist nicht mehr alternativlos. Als haltbarere, im Zweifelsfalle aber eben auch teurere Konkurrenztechnik stehen Zahnriemen bereit. Dennoch werden Ketten nicht nur aus günstigen Pedelecs nicht so schnell verschwinden – es hilft also, wenn man sich helfen kann.

Ketten sind Verschleißteile – die Qualität der Metallglieder sollte man regelmäßig kontrollieren. Reißt die Kette, ist ihr Ausfall offensichtlich. Nicht auf den ersten Blick zu erkennen ist, wie sehr sich die Kette durch den Gebrauch dehnt. Wird sie zu lang, greifen die Glieder nicht mehr richtig in Ritzel und Zahnkranz, was beide beschädigen kann. Aus der Praxis ist eine durchschnittliche Lebensdauer von rund 2000 bis zu 4000 Kilometern bekannt – nicht zuletzt bestimmt regelmäßige Wartung die Lebensdauer des Materials.

Eine ungefähre Kontrolle ist durch Augenschein möglich: Wenn die Kette sich am größten Kettenblatt mit einem Schraubendreher mühelos um drei Millimeter oder mehr abheben lässt, ist ein genauerer Blick auf den Kettenzustand und wahrscheinlich deren Wechsel angesagt.

Alternativer Kontrollpunkt bei Pedelecs mit Mittelmotor: Die halbe Strecke zwischen Tretlager/Motor und Ritzel: Hier sollte sich die Kette um nicht mehr als anderthalb Zentimeter auslenken lassen.

Haben Sie den Verdacht, dass die Kette am Ende ihrer Lebensdauer angekommen ist, empfiehlt sich als Werkzeug etwa der Prüfer „Park Tool" oder die Messlehre „Rohloff Caliber". Zeigen sie, dass sich die Kette

Geschlossene Gesellschaft
Hält ein Schloss die Kette zusammen, müssen Sie es für den Wechsel öffnen.

Niet- und nagelfest
An vielen Ketten findet sich kein Schloss – das abgebildete Werkzeug (Kettennietendrücker) öffnet dann die Kette.

um mehr als ein Dreiviertel Prozent gegenüber dem Neuzustand gelängt hat, sollte sie ausgetauscht werden.

Für konventionelle Drahtesel gibt es Ketten in verschiedenen Längen und Gliederbreiten („Innenmaß"). Für Velos mit Nabenschaltung oder Kettenschaltungen mit wenigen Zahnrädern hinten sind sie etwas breiter, für Kettenschaltungen mit mehr Schaltstufen etwas schmaler. In der Praxis müssen Sie nur darauf achten, dass die Ersatzkette fürs jeweilige Schaltwerk freigegeben ist und die richtige Länge hat.

Bevor man eine neue aufziehen kann, muss die alte Kette runter. Für Ketten mit einem Kettenschloss ist eine entsprechende Zange ideal, mit der man das Schloss aufdrückt, für alle anderen benötigt man einen Kettennietendrücker.

Da nicht nur die Ketten, sondern auch die darin verwendeten Nietstifte unterschiedlich groß sind, muss der Kettennieter entweder zur Kette passen oder ein Universalmodell sein.

1. Legen Sie ein Glied der Kette mittig in das Werkzeug, drehen Sie dessen Griff, im Uhrzeigersinn, bis der bewegliche Dorn den Nietstift aus der Kette gepresst hat und sie sich öffnet.
2. Ziehen Sie dann die Kette aus dem Antrieb.
3. Der kettenfreie Moment ist ideal, um die übrigen Teile des Antriebs zu reinigen, besonders die Schaltröllchen (die kleinen Führungsräder am Schaltkäfig). Groben Schmutz entfernt ein Kunststoffschaber, für den Feinschliff ist ein Lappen ideal. Erneut schmieren muss man dieses Bauteil nicht.
4. Neue Ketten gibt es in verschiedenen Längen – aber nur selten passen sie ohne Kürzung exakt. Die neue Kraftübertragung muss also aufs rechte Maß gestutzt werden. Grob können Sie sich orientieren, wenn Sie einfach die alte Kette neben die neue legen – ziehen Sie aber die Dehnung der Altkette ab und berücksichtigen Sie, dass Sie ein „männliches" Kettenglied mit einem „weiblichen" verbinden müssen.
5. Haben Sie die passende Länge ermittelt, fädeln Sie die Kette durchs Schalt-

Eingehakt
Sitzt die neue Kette, legen Sie das Kettenschloss auf und ziehen an der Kette, die sich dann von selbst verriegelt.

werk. Üblicherweise haben die Ketten eine Laufrichtung. Wenn Sie keine anderen Hinweise finden, gehört die beschriftete Kettenseite nach außen.

6 Wenn die Kette richtig sitzt und alles passt, können Sie sie fixieren. An einem Typ mit Kettenschloss verriegeln Sie dieses wie oben links im Bild, ansonsten setzen Sie den mitgelieferten Nietstift in die Kette, legen die Kette mit der Nietstiftstelle in den Kettennieter und drehen den Stift vollständig in die Kette.

7 Ein Teil des Stifts steht nach der Montage aus der Kette heraus (**Bild oben rechts**). An ihm befindet sich eine Sollbruchstelle. Manche Kettennieter haben ein eigenes Werkzeug, um diesen überstehenden Teil zu entfernen und so die Kette vollständig zu verriegeln – falls nicht, können Sie ihn aber auch mit einer Zange abknipsen.

8 Überzeugen Sie sich davon, dass das Kettenglied mit dem Nietstift leichtgängig ist. Wenn alles passt, sollten Sie der Kette etwas Öl gönnen – es sei denn, die Kette ist bereits vorgeschmiert. Falls nicht: Geben Sie auf jedes Glied einen Tropfen Schmiermittel und lassen diesen einwirken/-ziehen. Wischen Sie dann mit einem fusselfreien Lappen überschüssiges Öl ab, damit sich an der Kette nicht mehr Schmutz sammelt, als unvermeidlich ist.

Finger weg von „Tuning-Tricks"!

Ältere Semester erinnern sich: Ab einem Alter von 15 Jahren erfüllte ein Mofa den Traum von individueller Mobilität. Aber mit seiner Begrenzung auf eine Höchstgeschwindigkeit von 25 km/h kam bei vielen Jugendlichen der Wunsch auf, dem Gefährt mehr Geschwindigkeit zu entlocken. Die entsprechenden Aufbohr- und Manipulationstipps sind Legende – ebenso wie die Aktionen der Polizei, die frisierten Zweitakter aus dem Verkehr zu ziehen.

Im Zeitalter der Elektromobilität ist das Internet voll mit Tipps, wie man die Geschwindigkeitsbegrenzung der Pedelec-Motoren aushebelt und/oder den Drahteseln mit Tuning-Bausätzen mehr Tempo entlockt. Ob E-Bike-Modifizierung mit Dongle und Kabel oder reines Chip-Tuning: Von all diesen Kniffen ist abzuraten. Bastelt man während der Garantie am Pedelec, wird jeder Händler und Hersteller mit Fug und Recht die Haftung bei technischen Problemen verweigern.

Die Tuning-Bausätze kann man zwar vor dem Gang zum Händler entfernen – ihr Einsatz hinterlässt aber Spuren in der Motorelektronik, die der Händler auslesen kann. Auch Versicherungen und Polizei kennen natürlich die einschlägigen Tricks und schauen bei einem Unfall nach unzulässigen Veränderungen am Pedelec. Finden sie etwas, bleibt man auf der Bezahlung von Reparaturkosten selber sitzen und hat unter Umständen zusätzliche Probleme, weil man ohne Fahrerlaubnis und Zulassung unterwegs war.

Allgemeine Pflegemaßnahmen

Die Pflege eines E-Bikes ist kein Hexenwerk – wer im Hobbykeller für Fahrrad oder Pkw ein paar Putzmittel hat, hat meist die wichtigsten Hilfsmittel griffbereit.

→ **Waschen und Trocknen.** Konventionelle Fahrräder wie Pedelecs vertragen Wasser. Auch mit Bürsten, Schwämmen und sanftem Reinigungsschaum darf man ihnen zu Leibe rücken. Vom Einsatz eines scharfen Wasserstrahls und erst recht Hochdruck-/Dampfreinigern sollten Sie aber Abstand nehmen. Beides kann Lager, Lack, Motor und Elektronik beschädigen.

Wichtig beim Pedelecputzen: Vor Reinigungsarbeiten unbedingt die Fahrradelektronik abschalten. Falls der Akku in einem wasserdichten Gehäuse sitzt, können Sie ihn auch ausbauen – seine Halterung verschließen Sie dann wieder, damit kein Wasser an Kontakte kommt.

Falls Sie zum Putzen das Display ausbauen wollen oder müssen, decken Sie eventuell freiliegende Kontakte ab – zur Not ziehen Sie eine Plastiktüte über die Displayhalterung und schließen deren Ende mit Klebestreifen.

An Mountainbikes und anderen geländegängigen Velos ist es selbstverständlich, dass sie schmutzig werden – aber bei Regen, Schnee oder schlechten Wegen sammelt sich auch an Stadträdern mehr als der normale Staub. Wann immer möglich, entfer-

Kettenpflege
Man reinigt sie mit einem fusselfreien, mit Waschbenzin getränkten Lappen (li.), die Führungsrollen putzt eine Zahnbürste gut (re.)

nen Sie den Schmutz möglichst schnell, damit er gar nicht erst festtrocknet.

1. Für die Grundreinigung ist ein Haushaltsschwamm ideal. Geben Sie ein normales Geschirrspülmittel oder milden Allzweckreiniger in einen Eimer mit lauwarmem Wasser, tauchen den Schwamm darin ein und schäumen Sie Ihr Pedelec gründlich mit dem Schwamm ein. Versuchen Sie, ohne großen Druck auszuüben, so viel Schmutz wie möglich zu lösen. Sie dürfen sich mit dem Schwamm auch dem Motorgehäuse nähern – solange das Nass mit normalem Druck darauf plätschert, passiert nichts.
2. Mit einer alten Zahnbürste kommen Sie auch in schlecht zugängliche Ecken.
3. Haben Sie mit dem Einseifen allen Schmutz gelöst, folgt die Klarwäsche. Falls Sie einen Gartenschlauch in Reichweite haben, spülen Sie Schaum und gelösten Schmutz sachte mit niedrigem Wasserdruck weg.
4. Ansonsten tauschen Sie den Eimer mit gelöstem Spülmittel gegen einen mit klarem, nach Möglichkeit ebenfalls lauwarmem Wasser und wischen das Reinigungsmittel mit dem Schwamm weg.
5. Trocknen Sie anschließend das Pedelec mit einem fusselfreien Lappen.

Kette, Schaltwerk und Kettenblätter/Ritzel bedürfen auch abseits des beschriebenen Wechsels ein wenig Pflege.

1. Von der Kette wischen Sie zunächst mit einem Lappen, der schmutzig werden darf, überschüssiges Öl und Straßendreck.
2. Dann geben Sie – wie nach dem Kettenwechsel – auf jedes Glied einen Tropfen Öl, lassen ihn kurz einwirken und wischen zum Schluss überschüssiges Schmiermittel wieder mit dem Lappen ab.
3. Die beweglichen Teile des Schaltwerks sowie die Lager der Schaltröllchen sprühen Sie von Zeit zu Zeit mit kriechfähigem Öl ein. Auch von diesen Bauteilen müssen Sie überschüssiges Schmiermittel wischen.

4 Zur Schaltung gehört an Fahrrädern mit mehreren Kettenblättern auch der Umwerfer (siehe Seite 113) – auch dessen Gelenk freut sich über einige Spritzer kriechfähigen Öls und das Entfernen des Überschusses.

5 Verfügt die Vorderradaufhängung Ihres Pedelecs über eine Federgabel, sprühen Sie die Standrohre mit säurefreiem Öl ein und wischen dieses gleich wieder ab. Keine Angst: Das Öl entfaltet seine Schmierwirkung trotzdem. Wenn man es nicht abwischt, liefe es aber zusammen mit Schmutzpartikeln in die Gabeldichtungen, wodurch diese beschädigt würden.

„Vom Elektroantrieb sollten Laienbastler die Finger lassen"

Thomas Busch
Inhaber „e-motion e-Bike Premium Shop Bonn"

Sollten Pedelec-Fahrer selbst Hand an ihr Gefährt legen?
Wenn man nicht die berühmten zwei linken Hände hat, spricht nichts dagegen. Speziell die mechanischen Komponenten des Pedelecs lassen sich oft problemlos reparieren – all das also, was den klassischen Fahrradanteil am Pedelec ausmacht. Reifenwechsel etwa, das Austauschen der Schaltzüge oder das Einsetzen einer neuen Kette.

Wie sieht es mit den Elektrokomponenten aus?
Von den Bauteilen, die zum Elektroantrieb gehören, sollten unbedarfte Bastler tunlichst die Finger lassen. Bei entsprechenden Fehlern rate ich dazu, einen Händler aufzusuchen. Der kann mit einem Softwareupdate helfen, kann Kabel, Steckverbindungen und Kontakte überprüfen und die elektronischen Komponenten durchmessen. Defekte Bauteile müssen in der Regel ausgetauscht werden – Motor, Display oder Akku etwa. Öffnen darf die heutzutage meist verkapselten Teile in der Regel selbst der Händler nicht, da sonst die Gewährleistung erlöschen würde.

Moderne Pedelecs verfügen meist über hydraulische Bremssysteme. Soll-

te man da selbst zum Werkzeug greifen?
Wenn es nur um den Wechsel der Bremsbeläge geht, ist das kein Thema. Anders sieht es beim Entlüften des hydraulischen Systems oder gar dem Wechsel der Bremsflüssigkeit aus. Mit entsprechendem technischen Verständnis und dem passenden Zubehör lässt sich das zwar lernen, aber ganz einfach ist es nicht. Zumal hier schnell schwerwiegende Fehler unterlaufen. Wer zum Beispiel die falsche Bremsflüssigkeit einfüllt, kann das System zerstören – dann muss man alle Hydraulikleitungen oder gar alle Komponenten ersetzen, ganz abgesehen natürlich von dem damit einhergehenden Ausfall dieses hochgradig sicherheitsrelevanten Systems. Von daher würde ich sagen: Im Zweifel lieber Hände weg.

Welche typischen Fehler unterlaufen Pedelec-Neulingen?
Speziell beim Akku herrscht oft noch die Idee vor, man müsse ihn entweder stets komplett leerfahren oder bei jeder Gelegenheit aufladen. Dabei fühlt sich der Akku bei einem Ladestand zwischen 20 und 80 Prozent am wohlsten. Und extremen Temperaturen darf man ihn einfach nicht aussetzen. Manchmal lassen Kunden den Akku etwa während des Urlaubs im Auto zurück, das in der prallen Sonne steht.

Ein Fehler ist es auch, das Pedal beim Einschalten des Systems zu belasten. Das kann den Sensor durcheinanderbringen. Gleiches gilt für das Aus- und Einschalten des Systems während der Fahrt. Zudem sollte das Bike abgeschaltet werden, bevor das Display aus der Halterung genommen wird. Speziell, wer bei einem Pedelec mit Heckmotor das Hinterrad ausbaut, um etwa den Reifen zu wechseln, sollte unbedingt vorher das System ausschalten und am besten gleich das Display abnehmen. Sonst kann es zu Kurzschlüssen kommen, die im schlimmsten Fall den Motor ruinieren.

Lassen sich die Arbeiten am Pedelec generell mit Standardwerkzeug durchführen?
Für gängige Reparaturen wie Reifenwechsel, Kettenwechsel oder Probleme mit der Beleuchtung braucht es kein Spezialwerkzeug. Anders sieht es beim Kettenblatt aus, da haben die Motorenhersteller heute meist individuelle Lösungen, für die man entsprechende Werkzeuge benötigt. Und wer statt der Kette einen Zahnriemen zur Kraftübertragung nutzt, sollte den Riemen nach einem etwaigen Aus- und Einbau des Hinterrads mit einem Spezialwerkzeug auf die richtige Spannung kontrollieren. Eine zu hohe Spannung kann sonst die Lager der Nabenschaltung zerstören.

Wie oft empfehlen Sie eine Wartung?
Zunächst sollte der Kunde wie bei jedem normalen Fahrrad nach etwa zwei Monaten zum sogenannten Erstcheck kommen. Denn bei einem neuen Fahrrad können sich die Speichen noch setzen, die Züge längen sich und auch die Schrauben sollten viel-

leicht noch mal nachgezogen werden. Ansonsten empfehlen wir alle 4 000 Kilometer oder mindestens einmal pro Jahr einen kompletten Service. Hier wird dann zusätzlich zur klassischen Fahrradinspektion auch das Antriebssystem überprüft. Dazu werden etwaige Softwareupdates aufgespielt, die Fahrdaten sowie Akku, Motor und Display ausgelesen und die Elektronik gecheckt. Da ein solch aufwendiger Service nicht in einer halben Stunde gemacht ist, halte ich hier eine Pauschale von etwa 70 bis 100 Euro für angemessen.

Welche Bauteile des Pedelecs dürfen ohne Probleme ausgetauscht werden?

Anfragen zum Umbau von Pedelecs erreichen uns in der E-Motion-Gruppe beinahe täglich. Da gelten jedoch aufgrund der CE-Zertifizierung relativ strenge Vorgaben. Speziell für das Antriebssystem oder sicherheitsrelevante Bauteile des Fahrrads, etwa Rahmen, Gabel und Bremssystem, ist eine Freigabe durch den Hersteller erforderlich. Teile wie Kurbel, Kette und Reifen müssen vom Fahrrad- oder Teilehersteller für den entsprechenden Einsatz freigegeben sein. Und schließlich gibt es Bauteile, für die in der Regel keine Freigabe notwendig ist. Das sind etwa Pedale, Griffe, Lager und das Rücklicht.

Wie sieht es mit dem Einbau stärkerer Motoren oder größerer Akkus aus?

Man muss zwei Fälle unterscheiden. Da ist zunächst die Auf- und Umrüstung eines Pedelecs zum Speed-Pedelec durch eine Erhöhung der Motorleistung. Davon ist dringend abzuraten, da ein so verändertes Gefährt als Kleinkraftrad gilt und sowohl eine neue CE-Zertifizierung als auch eine Einzelabnahme bei TÜV oder DEKRA benötigen würde. Dies kann ein Händler nicht leisten, das Zertifikat ist teuer und er würde als derjenige gelten, der dieses Fahrzeug in den Verkehr bringt – mit allen Risiken.
Anders ist es im zweiten Fall, wenn ein Pedelec mit einem stärkeren Motor ausgerüstet wird, ohne dass die Nennleistung des Motors von 250 Watt überschritten wird. Den Umbau kann ein Endnutzer – rein theoretisch und wenn er einen passenden Motor findet – selber umsetzen. Der Händler dagegen müsste die Zustimmung des Herstellers einholen und eine CE-Zertifizierung für ein neues Fahrzeug beantragen, was unwirtschaftlich wäre.

Beim Akku hingegen ist eine Aufrüstung in der Regel kein Problem. Entweder man tauscht ihn gegen ein größeres Modell des gleichen Herstellers oder man lässt ihn von entsprechenden Anbietern upgraden. Denn Unternehmen wie Liofit bereiten nicht nur alte Akkus wieder auf, sie können auch die verbauten Akkuzellen gegen größere tauschen und so Kapazität und Reichweite erhöhen. Allerdings sollte man Letzteres erst tun, wenn die Gewährleitungsfrist für das Rad abgelaufen ist, da die Bike-Hersteller Akku-Upgrades von Drittanbietern ungern sehen.

Kontaktpflege
Die elektrischen Kontakte zwischen Akkupack und Halterung können verschmutzen oder korrodieren.

Pedelec-typische Probleme lösen

Die zusätzliche Technik von Pedelecs bringt auch neue Fehlerquellen und Problemchen mit sich. Die meisten lassen sich aber leicht beheben.

Probleme mit dem Display

Der Bildschirm der Bordelektronik ist ein Bauteil, das häufig Ärger macht – fast immer lässt sich das Problem buchstäblich im Handumdrehen lösen.

Bleibt das Display des Bordcomputers tot, sitzt der meist nur nicht richtig in den Kontakten der Halterung. Einmal abziehen und wieder mit etwas Nachdruck aufstecken beseitigt den Fehler meistens.

Falls nicht, haben die Kontakte vermutlich Wasser abbekommen – dann reinigen Sie diese mit einem trockenen, staubfreien Lappen.

Etwas kniffliger, aber ebenfalls leicht lösbar, sind kleine Unzulänglichkeiten der Hardware: Die G2-Bildschirme von BionX reagieren mimosenhaft, wenn deren Halterung zu fest verschraubt wird. Sie verzieht sich dadurch; die Kontakte des Displays verfehlen die der Halterung. Wenn man die Schrauben ein wenig löst, löst sich auch das Problem.

Bei anderen Problemen älterer Pedelec-Displaytypen hilft leider nur der Gang zum Händler: So bocken die Bosch-Nyon-Radcomputer der ersten Generation gelegentlich, wenn sie sich mit einem drahtlosen Netzwerk (W-Lan) verbinden sollen, in Xion-Displays schlägt sich bei Temperaturumschwüngen Feuchtigkeit nieder, und einige ältere Yamaha-Bildschirme fallen wegen ei-

Verwirrte Sensorik
Sitzt der Speichenmagnet falsch, weiß der Geschwindigkeitssensor nicht weiter.

nes Verkabelungsfehlers aus und würgen dabei auch den Motor ab.

Der Speichenmagnet ist verrutscht

Ebenfalls ein sehr häufiges, aber leicht zu korrigierendes Problem ist die falsche Position des Magneten auf der Speiche. Er versorgt den am Rahmen befestigten Geschwindigkeitssensor mit Messimpulsen – beziehungsweise tut es nicht, wenn er verrutscht ist. Der erste Blick, wenn der Motor scheinbar seinen Dienst verweigert, gilt folglich diesem Magneten. Fast immer ist der richtige Anbringungsort für ihn auf dem Sensor markiert. Schieben Sie den Magneten an diese Stelle und ziehen Sie ihn mit einem Schraubendreher fest.

Sitzt der Geschwindigkeitssensor im Motor, ist er im Normalfall wartungsfrei – macht die Technik dann aber einmal Probleme, ist der Fachmann gefragt.

Ein Kabel sitzt lose

Fast so trivial wie der verrutschte Magnet sind lose Kabel – und ebenso ärgerlich. Lockere Verschraubungen oder Kontakte gehören zu den immer wieder auftretenden Problemen an Pedelecs. Offensichtlich gelöste Verbindungen schraubt oder steckt man wieder zusammen. Fertig.

Typische Problemzonen sind der Anschluss des Displays, Steckverbindungen am Steuerrohr oder, speziell bei Heckmotoren, an der Kettenstrebe.

Lösen sich die Kabel immer wieder, sind sie eventuell zu kurz beziehungsweise zu eng verlegt. An neuen Pedelecs dürften solche Probleme im Rahmen der Garantie beseitigt werden, an älteren Modellen sollte man zusammen mit dem Händler diskutieren, mit welchem Aufwand sich die Verkabelung betriebssicher modifizieren ließe.

Sind die Kabel im Rahmeninneren verlegt, sind Fehler in den Leitungen nicht so leicht zu erkennen und erst recht nicht zu beheben. Mit einem Multimeter, einem Messgerät für elektrische Bauteile, können Sie die Probleme zumindest einkreisen – mehr dazu im Infokasten auf Seite 127.

DIE 3 BESTEN TIPPS FÜR EIN LANGES AKKU-LEBEN

1 Nur vom Akku-Hersteller freigegebene Ladegeräte verwenden. Laden Sie die Batterie nach jeder Fahrt bis auf rund 80 Prozent auf.

2 Schützen Sie den Akku vor extremen Temperaturen. Nicht nur wegen der Diebstahlgefahr, auch mit Blick auf Leistung und Haltbarkeit sollte man die Batterie abklemmen und bei Raumtemperatur aufbewahren und gegebenenfalls laden.

3 Ist Ihr Akku gegen Tiefentladung geschützt? Falls nicht, sollten Sie ihn – etwa im Winter – alle zwei Monate kontrollieren und bei Bedarf auf rund 50 Prozent nachladen, um Schäden zu vermeiden.

Fehler im Antriebspaket

Alles zum richtigen Umgang mit Akkus haben wir bereits in den Kapiteln „Das neue Element: Der Elektroantrieb" ab Seite 39 und „Mit dem E-Bike unterwegs" ab Seite 98 beschrieben.

Bei Berücksichtigung dieser Hinweise sind Akkus zuverlässige, langlebige Bauteile. Nur von älteren Akkus des Herstellers BMZ, wie sie unter anderem in Yamaha-, Impulse- und Xion-Antrieben genutzt wurden, sind Platinendefekte bekannt, die zu Aussetzern oder zum Totalausfall der Stromversorgung führten. Auch dieser Fehler war ein Gewährleistungsfall für den Händler.

Die aktuellen Motoren sind robust und langlebig – Wehwehchen kennen Praktiker auch hier eher von früheren Typen. Schäden traten etwa an Bosch-Motoren der „Classic"-Linie nach längerem Gebrauch auf – dann rutscht der Freilauf am Motorritzel durch. Diese Motoren wurden in der Vergangenheit anstandslos ersetzt. Bei Endkunden sollte der Austausch entweder lange passiert sein oder es sich um eine neuere Version dieses Typs handeln, an der das Problem beseitigt wurde.

Nicht kaputt, aber nervig kann ein Problem verbreiteter Bosch-Antriebe sein – Kunden beklagen ein unspezifisches Knacken. Anlass des nur störenden, aber unbedenklichen Geräusches ist die Konstruktion der Schiene, die den Motor am Rahmen hält. Die wurde zwischenzeitlich optimiert, eine neuere Schiene sorgt für Ruhe.

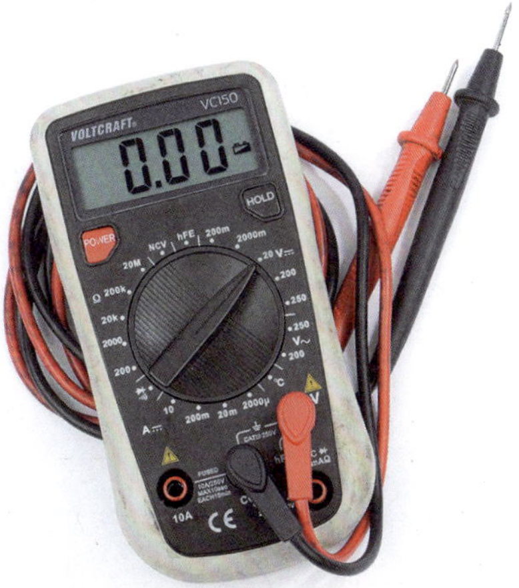

Vielseitiger Helfer
Ein Multimeter hilft nicht nur bei der Fehlersuche an Pedelecs.

Ältere Panasonic-Motoren verschleißen Kette und Antriebsritzel stark. Wenn dieses Problem auftritt, hilft leider nur der Austausch der Verschleißteile – alle 1 500 bis 2 000 Kilometer muss man damit rechnen. Eine sachte Fahrweise verlängert die Lebensdauer der Komponenten. Fahren Sie mit diesen Antrieben in niedriger Schaltstufe und mit geringer Motorunterstützung an und rufen dann erst mehr Leistung ab.

Auch der Antrieb des zum Redaktionsschluss noch erhältlichen Pedelecs Stromer ST1 ist ein Sensibelchen: Belegt man die Kabel der Beleuchtung falsch oder montiert eine nicht kompatible Leuchte, riskiert man einen Defekt im Controller. Der ist beim ST1 in den Hinterradmotor integriert – faktisch ist mit dem Controller also der komplette Motor kaputt. Da hilft dann nur ein neuer Motor – und Umsicht bei der Verdrahtung der Beleuchtung.

→ Fehlersuche mit dem Multimeter

Wir haben es bereits mehrfach erwähnt: Eine detaillierte Fehlersuche in der Elektronik eines Pedelecs ist für Laien praktisch unmöglich und verbietet sich in vielen Fällen während der Garantiezeit aus Prinzip. Dennoch ist der Kauf eines universellen Elektro-Messintruments, eines sogenannten Multimeters, hilfreich, um Probleme am Pedelec zumindest einkreisen zu können. Nebenbei hilft es unter Umständen, Fehler in der Beleuchtung zu lokalisieren (siehe auch den nächsten Abschnitt).

Bei Elektronikhändlern und -versendern gibt es Multimeter ab 10 Euro, etwas flexiblere und robustere Modelle kosten 25 bis 35 Euro. Mit einem Multimeter lässt sich direkt am Akku prüfen, ob er noch Strom liefert, und Kabel und andere Bauteile können darauf kontrolliert werden, ob sie überhaupt noch Strom leiten oder die Verbindung unterbrochen ist.

Da man Multimeter auch für andere Prüfungen an elektrischen/elektronischen Geräten und der Hauselektrik nutzen kann, lohnt sich der Kauf in jedem Fall.

Probleme mit der Beleuchtung

Die früher üblichen Fahrradleuchten mit Glühbirnchen sind schon längst von wesentlich haltbareren und helleren Leuchtmitteln auf Leuchtdiodenbasis (LED, Light Emitting Diode) verdrängt worden, was sowohl der Sicherheit wie der Zuverlässigkeit der Beleuchtung zugutekommt. An heutigen Pedelecs wird man auch den klassischen Reifendynamo nicht mehr finden, der die Beleuchtung mehr schlecht als recht mit Strom versorgte.

Wenn das Licht nicht direkt vom Antriebsakku versorgt wird, finden sich an Pedelecs sogenannte Nabendynamos im Vorderrad. Die sind sehr zuverlässig und wartungsarm – und sollten sie defekt sein, ein Fall für den Händler.

Fehlerträchtig ist allerdings deren Verkabelung; hier sind Brüche häufiger zu beklagen. Ist ein Kabeldefekt offensichtlich und nicht durch Schließen einer Schraube oder einer Steckkupplung zu beheben, muss das betreffende Kabel ersetzt werden.

Findet man keinen augenfälligen Defekt, hilft es, die Verbindungskabel mit dem erwähnten Multimeter auf ihre Leitfähigkeit zu prüfen.

Wird das Pedeleclicht vom Bordakku gespeist, sind ebenfalls Schäden an der Verkabelung eine gängige Fehlerquelle – auch dann hilft das Multimeter, wenn ein Schaden nicht sofort erkennbar ist.

Ist der Akku vollgeladen und sind die Kabel zu den Leuchten einwandfrei, muss man ein Problem in der Steuerelektronik in Betracht ziehen; da ist dann der Händler gefragt.

Am betriebssichersten sind Front- und Heckleuchten, die von eigenen Batterien versorgt werden. Handelt es sich um Standardbatterien, können die allenfalls leer sein oder nicht korrekt in ihrer Halterung sitzen. Beides sollte man also vor der Fahrt überprüfen.

Sind Akkus fest in die Leuchten eingebaut, sollten während der Lebenszeit der Akkus keine Probleme auftreten. Haben die Akkus das Ende ihrer Speicherfähigkeit erreicht, kann man nur klären, ob der Hersteller oder Drittanbieter die Akkus ersetzen können oder ob neue Lampen hermüssen.

Für die wichtigsten Anbieter haben wir auf den folgenden Seiten gängige Probleme und deren Lösungen sowie Wartungshinweise zusammengestellt; außerdem die Bedeutung der Fehlermeldungen im Display.

Fehler beim BionX-Antrieb

Der BionX-Antrieb ist die Entwicklung einer kanadischen Firma und bei den E-Bikes weit verbreitet.

Einst setzten über 30 Fahrradhersteller diesen Antrieb ein, was seine Verbreitung im Bestand erklärt. Er ist in der Regel im Hinterrad positioniert.

Probleme beim Laden

▸ **Der rote LED-Ring** am Akku schaltet sich beim Laden nicht ein.

Ist das Netzkabel richtig eingesteckt? Wenn ja, dann Netzstecker ziehen und die Sicherung am Ladegerät überprüfen. Die Sicherungskappe wird zum Öffnen gegen den Uhrzeigersinn gedreht. Ist die Sicherung in Ordnung, bitte den Händler kontaktieren.

▸ **Die gelb-orangene LED** schaltet sich nicht ein.

Überprüfen Sie die Kabelverbindungen zwischen Akku und Ladegerät. Bringt dies keinen Erfolg, bleibt nur der Gang zum Händler.

▸ Der Akku lässt sich nicht aufladen.

Ist der Akku vielleicht tiefentladen worden? Dann benutzen Sie folgenden Trick: Stellen Sie das Rad auf den Kopf. Verbinden Sie den Akku mit dem Ladegerät. Drehen Sie die Pedale. Der Ladevorgang setzt wieder ein. Wenn das nicht funktioniert, müssen Sie zum Händler.

▸ Batterie ist vollgeladen, wird aber in der LCD-Displayanzeige nicht als „voll“ angezeigt.

Falls Sie beim Ladevorgang alles richtig gemacht haben, lassen Sie die Batterie ein paar Stunden abkühlen. Laden Sie dann erneut. Startet der Ladevorgang? Wenn nicht, müssen Sie den Händler kontaktieren.

Ausfall der Stromversorgung

▸ Die LCD-Anzeige bleibt dunkel und das Antriebssystem lässt sich nicht einschalten. Oder Display zeigt **POWER PROT**, das Antriebssystem lässt sich einschalten, bietet aber keine Unterstützung.

Hier ist die Stromzufuhr unterbrochen beziehungsweise ausgefallen. Schalten Sie das System aus. Sitzt der Akku richtig in der Dockingstation? Ist das Schloss richtig geschlossen? Sind alle Steckverbindungen geschlossen? Überprüfen Sie diese sowohl am Lenker als auch am Motor. Testen Sie mit einem Systemstart. Besteht das Problem weiterhin, kontaktieren Sie den Fachhändler.

▸ Das System reagiert nach längerer Nichtnutzung nicht mehr.

Der Akku ist im Tiefschlafmodus. Netzteil anschließen, um den Akku aus dem Tiefschlafmodus zu wecken. Wurde die Batterie zum Laden vom Rad genommen, vor dem Einsetzen 5 Minuten warten, bis der Akku fünf Pieptöne abgibt.

Probleme beim Fahren

▶ Das Display zeigt **AKTIVIERUNG IN XX km** oder am RC3-Controller blinkt die grüne LED dauerhaft.

Das Rad befindet sich im Demo-Modus. Sie müssen das Rad vom Fachhändler aktivieren lassen.

▶ Gashebel für die G2-Konsole funktioniert nicht.

Steckverbindungen sind wahrscheinlich unterbrochen, gegebenenfalls ist eine Kalibrierung nötig. Steckverbindungen prüfen, dann Gashebel kalibrieren (Power- und Minus-Taste drücken). Wenn Countdown im Display beginnt, Gashebel mehrmals vollständig durchdrücken und wieder loslassen.

▶ Rekuperationsmodus lässt sich nicht ausschalten.

BionX bietet die Möglichkeit, den Motor als Generator zu nutzen und mit durch Treten gewonnener Energie den Akku zu laden. Wenn dabei auf der LCD-Konsole die Einstellung für den Generator leuchtet, die Anzeige aber nicht verändert werden kann, liegt dies meist daran, dass der Bremshebel-Magnetschalter zu weit auseinandergerutscht ist. Die beiden Magnete müssen dann näher zusammengeschoben werden.

Falls dies nicht möglich ist, kann man die Steckverbindung (Y-Kabel) zwischen Magnetstecker und Konsole trennen und so weiterfahren (Antriebs- und Generatorfunktion sind über Plus- und Minus-Tasten wieder frei wählbar) und dann bald den Händler aufsuchen.

▶ Der Motor ist nach einer Reparatur oder einem Service nicht mehr so kräftig.

Prüfen, ob die Hinterradachse richtig eingesetzt ist. Bei Bedarf justieren und gerade einsetzen.

→ Softwareprobleme bei BionX-Antrieben

Vor allem bei längeren Bergfahrten gab es in der Vergangenheit Probleme: Der Motor stellte sich ab und ließ sich nicht so ohne Weiteres wieder aktivieren. Das war eine Schutzmaßnahme, weil der Motor zu heiß geworden war (oder weil die Spannung nicht in der vorgeschriebenen Höhe lag). Ärgerlich nur, dass der Motor auch nach Abkühlung nicht einfach wieder „ansprang", sondern der Akku erst wieder geladen werden musste.

Im April 2012 brachte BionX für die 48-V-Systeme eine neue Software heraus (Version 5.9). Diese bietet einen Mountain-Modus, in dem die Abschalttemperatur erhöht wurde. Für ein Softwareupdate fahren Sie bitte mit Ihrem Elektrorad zum Vertragshändler. Informieren Sie sich regelmäßig auf der Webseite des Herstellers über mögliche Updates.

Fehler bei Bosch-Antrieben

Bosch eBike Systems ist einer der großen Anbieter für E-Bike-Antriebe.

Seit 2014 gibt es zwei Produktlinien: die Bosch Performance Line für sportliches und kraftvolles Fahren sowie die Bosch Active Line mit besonders harmonisch abgestimmter Unterstützung. Alle Angaben sind auf dem Stand 4/2017.

Probleme beim Laden

Bosch bietet bei der älteren Classic-Variante (vor 2014) zwei Ladebetriebsarten: „Slow" und „Fast". Bei Fast, dem Schnellladebetrieb, läuft der Lüfter mit. Im Slow-Modus erfolgt der Ladevorgang lautlos. Bei Auslieferung ist „Fast" eingestellt. Mit der dritten Generation gibt es nun zwei unterschiedliche Ladegeräte. Der Standard-Charger lädt mit 4 Ampere schneller als der Compact-Charger, dafür ist dieser kleiner und leichter.

- Beim Laden des Akkus leuchtet die Betriebsanzeige nicht.

Das kann mehrere Gründe haben: Steckdose, Kabel oder Ladegerät sind defekt. Oder es wurde die falsche Netzspannung gewählt, der Stecker ist nicht richtig eingesteckt, die Kontakte der Batterie sind verschmutzt bzw. korrodiert oder die Batterie ist defekt. Stellen Sie die Netzspannung richtig ein, säubern Sie alle Kontakte und machen Sie einen Funktionstest der Batterie.

- Die Fehlercodes **540, 605** im Display zeigen an, dass die Batterie zu warm oder zu kalt ist.

Sind die Lüftungsöffnungen verdreckt oder verstopft? Reinigen Sie diese und laden Sie sie im temperierten Raum.

- Die Codes **602, 603** zeigen Akkufehler während des Ladevorgangs an.

Das Ladegerät vom Akku trennen, Systemneustart durchführen, Ladegerät wieder anschließen. Besteht das Problem weiter, müssen Sie den Händler kontaktieren.

- Code **620** zeigt einen Fehler im Ladegerät an.

Das Ladegerät ersetzen. Bei Bedarf kontaktieren Sie den Händler.

→ Geschwindigkeitssensor überprüfen

Geschwindigkeitssensor und Speichenmagnet harmonieren nur, wenn sie in einem bestimmten Abstand zueinander stehen. Der Abstand des Magneten zum Sensor sollte 5 Millimeter nicht überschreiten (siehe Foto Seite 125). Bei falscher Einstellung fällt die Tachoanzeige aus und der Antrieb läuft im Notlaufprogramm.

Lösen Sie dann die Schraube am Magneten und stellen Sie ihn so ein, dass er dicht am Sensor vorbeigeführt wird.

Displayanzeigen im Betrieb

- Codes **410, 418**: Bordcomputer- bzw. Bedieneinheit-Taste(n) sind blockiert.

Tastengängigkeit prüfen, bei Bedarf reinigen, Schmutzpartikel entfernen.

- Bei Code **414** hat der Bordcomputer ein Verbindungsproblem. Die Codes **422, 423, 424** weisen auf Verbindungsprobleme der Antriebseinheit, der Batterie oder auf Komponentenfehler hin.

Anschlüsse und Verbindungen prüfen, ansonsten müssen Sie zum Fachhändler.

- Bei Code **430** ist der Akku des Bordcomputers leer.

In der Halterung oder über USB-Anschluss den Bordcomputer aufladen.

- Bei Anzeige **460** besteht ein Fehler am USB-Anschluss des Bordcomputers.

USB-Kabel vom Bordcomputer entfernen und Anzeige prüfen. Andernfalls kontaktieren Sie den Händler.

- Die Codes **419, 426, 431, 440, 490, 500, 503, 510, 511, 531, 580, 593, 610, 640** weisen auf Sensor-, Software- oder Konfigurationsfehler hin.

Besteht das Problem nach einem Systemneustart weiter, ist die Fahrt zum Fachhändler fällig. Lassen Sie auch den Bordcomputer überprüfen.

- Code **502** zeigt einen Fehler in der Fahrradbeleuchtung an.

Licht und Verkabelung überprüfen. Andernfalls den Händler kontaktieren.

- Die Codes **530, 591, 655** deuten Akkufehler oder Authentifizierungsfehler an.

E-Bike ausschalten, Akku entnehmen, wieder einsetzen, E-Bike einschalten, System neu starten. Besteht das Problem weiter, müssen Sie den Händler kontaktieren.

- Code **592**: Eine Komponente ist inkompatibel.

Ein kompatibles Display einsetzen. Andernfalls kontaktieren Sie den Händler.

- Code **606**: Externer Akkufehler.

Die Verkabelung überprüfen. Andernfalls müssen Sie den Händler kontaktieren.

- Die Codes **595, 596** stehen für Kommunikationsfehler.

Verkabelung zum Getriebe überprüfen. Systemneustart durchführen. Besteht das Problem weiter, den Händler kontaktieren.

- Code **550**: Unzulässiger Verbraucher erkannt (z. B. eine falsche Lichtanlage).

Den Verbraucher entfernen und einen Systemneustart durchführen. Wenn unverändert, den Händler kontaktieren.

- Code **656** steht für einen Software-Versionsfehler.

Lassen Sie vom Händler ein Softwareupdate durchführen.

- Alle Codes **7xx** deuten auf Getriebefehler hin.

Schauen Sie in der Betriebsanleitung des Schaltungsherstellers nach.

Fehler bei Brose-Antrieben

Brose ist ein weiterer, noch relativ neuer Anbieter von Mittelmotoren.

Für die Antriebseinheit schreibt Brose nach einer Laufleistung von 15 000 Kilometern eine Inspektion durch ein von Brose zertifiziertes Servicecenter vor. Wie bei allen Elektromotoren und Akkus gilt auch hier: Halten Sie alle Komponenten Ihres Fahrrads sauber, insbesondere die Kontakte vom Akku (Brose nennt es Akkupack) und die dazugehörige Halterung. Reinigen Sie diese Kontakte regelmäßig vorsichtig mit einem trockenen, weichen Tuch.

Fehler im Fahrbetrieb

- Das E-Bike-System und/oder die Anzeigeeinheit lassen sich gar nicht aktivieren.

Es kann sich um eine Funktionsstörung des Akkus handeln. Dieser muss natürlich geladen sein. Betätigen Sie den LED-Taster am Akkupack. Lässt er sich einschalten? Die LEDs der Ladezustandsanzeige sollten aufleuchten.

Andernfalls kann es ein Defekt am Akku selbst sein. Prüfen Sie, ob der Akku korrekt in der Halterung eingerastet ist. Setzen Sie ihn zur Sicherheit noch mal neu ein. Prüfen Sie dabei auch gleich, ob alle Kontakte des Akkus und der Halterung blank sind. Reinigen Sie diese mit einem trockenen Tuch.

Möglich ist auch, dass die Anzeigeeinheit nicht korrekt in ihrer Halterung sitzt. Setzen Sie diese zur Sicherheit noch mal neu ein und achten Sie dabei auf den korrekten Sitz. Prüfen Sie auch gleich, ob alle Kontakte der Anzeigeeinheit und der Halterung blank sind. Reinigen Sie diese mit einem trockenen Tuch.

Sind die Steckverbindungen an der Antriebseinheit in Ordnung? Überprüfen Sie Verkabelung und Steckverbindungen und schließen Sie diese gegebenenfalls korrekt an.

- Die Anzeigeeinheit liefert keine Fahrtdaten, obwohl sich das Fahrrad bewegt.

Hier ist der Speichenmagnet eventuell nicht korrekt montiert. Überprüfen Sie den Abstand des Speichenmagneten zum Geschwindigkeitssensor an der Kettenstrebe. Er muss 5 bis 17 Millimeter betragen, ansonsten müssen Sie die Position neu ausrichten.

- Die Fahrradbeleuchtung lässt sich nicht anschalten.

Ist das Kabel für die Beleuchtung falsch angeschlossen, gebrochen oder lose? Überprüfen Sie Verkabelung und die Steckverbindungen und schließen Sie diese korrekt an.

Displayanzeigen beim Laden und bei Akkuproblemen

Leuchtet ein Fehlercode im Display auf, helfen Ihnen folgende Hinweise:

- Bei den Codes **10, 12, 24** ist die Batteriespannung zu gering.

  Laden Sie den Akku mit dem passenden Ladegerät auf.

Fehlercodes im Fahrbetrieb

- Die Codes **11, 20, 21, 23, 25, 26, 30, 42, 43, 45** zeigen Fehler im Strommanagement an.

  Schalten Sie das System über den LED-Taster am Akku komplett aus und wieder ein. Falls das Problem weiterhin besteht, müssen Sie die Fahrradwerkstatt kontaktieren.

- Die Codes **40, 41, 44** zeigen einen Überstrom im Motor oder eine Überhitzung an.

  Reduzieren Sie die Belastung des Motors durch weniger Pedalieren oder Reduzierung der Unterstützungsstufe.

- Code **60** zeigt eine Unterbrechung des Datenaustauschs auf dem CANBUS hin.

  Kontrollieren Sie alle Kabel und Steckverbindungen des Systems.

- Die Fehlercodes **70 bis 73** zeigen Probleme mit den Pedalkraftsensoren an, **80 bis 84** fehlerhafte Motorparameter oder Softwaremängel.

  Es bleibt immer nur: Schalten Sie das System über den LED-Taster am Akku komplett aus und wieder ein. Falls das Problem weiterhin besteht, ist die Fahrradwerkstatt zu kontaktieren.

Fehler beim Impulse-Antrieb

Der Impulse-Antrieb ist eine Eigenentwicklung von Derby Cycle und kommt bei den Marken Kalkhoff oder Raleigh zum Einsatz.

Zur Markteinführung im Jahr 2011 war der Impulse der erste Mittelmotor, der Rücktritt erlaubte. Zudem garantierte er dank großer Akkus schon früh eine hohe Reichweite. Mittlerweile wird er in verschiedenen Ausführungen von sanft bis sportlich verbaut. Eine Schwachstelle ist der defektanfällige Freilauf des Motors. Durch störendes Knacken im Tretlager macht sich das Problem bemerkbar, meist muss der Motor dann vom Händler getauscht werden. Bei der neuen Impulse-Generation soll dieses Problem allerdings behoben sein.

Fehler beim Akku und Ladegerät

▶ Akku erhitzt sich beim Laden auf mehr als 45 °C.

Wenn es gerade sehr heiß ist, den Ladevorgang unterbrechen und Akku abkühlen lassen und in kühlerer Umgebung laden. Besteht das Problem weiter, Fachhändler kontaktieren. Oder der Akku ist sichtbar beschädigt. Dann diesen nicht mehr laden oder nutzen und den Fachhändler kontaktieren.

▶ 5 LEDs blinken schnell.

Der Akku ist überlastet oder leer und wird abgeschaltet. Falls der Akku überlastet ist, schaltet er sich nach kurzer Ruhezeit wieder ein und kann normal genutzt werden. Falls der Akku leer ist, wird er nach kurzer Erholung noch einmal kurz funktionieren und sich dann wieder abschalten. Er muss jetzt aufgeladen werden.

▶ Am Akku blinkt die erste LED schnell.

Ladefehler. Das Ladegerät sofort von der Steckdose trennen. Besteht das Problem weiter, das Ladegerät ersetzen.

▶ Wird das Ladegerät über 45 °C heiß, ist es defekt. Blinkt am Ladegerät die rote LED, besteht ein Ladefehler.

Es muss sofort von der Steckdose getrennt werden. Besteht das Problem weiter, das Ladegerät ersetzen.

Antriebseinheit, Display und Nahbedienteil (mit LEDs)

▶ Display zeigt nichts an. Problem mit der Stromversorgung.

Prüfen Sie, ob das ganze System schon eingeschaltet ist. Ist der Akku richtig eingesetzt, aufgeladen und eingeschaltet? Wenn der Akku im „Schlafmodus" ist, muss er ans Ladegerät angeschlossen werden.

▶ Funktioniert die Displaybeleuchtung nicht, ist vermutlich das Display defekt.

Display austauschen oder gegebenenfalls vom Fachhändler ersetzen lassen.

▶ Ist das Display sichtbar beschlagen, ist Feuchtigkeit eingedrungen.

Pedelec samt Display bei Zimmertemperatur trocknen. Ist das Display weiterhin beschlagen, muss es ggf. vom Fachhändler ersetzt werden.

▶ Die Schiebehilfe ist zu schwach.

Entweder ist der Schaltzug falsch eingefädelt. Dann selber richtig einfädeln. Oder die Software ist veraltet. Dann lassen Sie die aktuelle Systemsoftware vom Fachhändler aufspielen.

▶ Die Motorunterstützung erscheint zu schwach.

Entweder ist der Akku erschöpft (dann laden) oder der Climb Assist ist zu niedrig eingestellt, dann richtig einstellen. Eventuell ist auch ein unpassendes Fahrprofil programmiert, dann lassen Sie sich ein anderes Fahrprofil vom Fachhändler einstellen.

▶ Die Reichweite erscheint zu gering?

Haben Sie einen Lernzyklus durchgeführt? Dazu fahren Sie den vollgeladenen Akku ohne Nachladen leer, bis die Unterstützung aussetzt. Anschließend komplett vollladen.

▶ Der Motor verursacht „Durchrutscher“ bei der Kette.

Vermutlich ist die Schaltung nicht richtig eingestellt. Kontrollieren Sie die Schaltung und justieren Sie die nach Bedarf und Schaltungstyp.

▶ Es gibt keine Geschwindigkeitsanzeige oder die Unterstützung setzt sporadisch aus.

Vermutlich ist der Speichenmagnet verrutscht. Position des Magneten kontrollieren und ggf. korrigieren. Oder der Climb Assist ist zu niedrig eingestellt. Dann den Climb Assist richtig einstellen.

▶ Die Geschwindigkeitsanzeige zeigt falsche Werte an.

Entweder ist die falsche Maßeinheit ausgewähllt, dann Einstellung der Einheiten prüfen (mph und km/h). Oder der Radumfang ist falsch eingestellt, dann denn richtigen Radumfang einstellen.

Fehleranzeigen im kleinen und großen Display

▶ Anzeige **SPEED** oder auch **Kein Signal vom Speedsensor**.

Ist der Speichenmagnet verrutscht? Position prüfen und justieren. Fehlt der Speichenmagnet ganz, beim Fachhändler Ersatz besorgen und ggf. anbringen lassen. Oder der Geschwindigkeitssensor ist defekt. Dann vom Fachhändler austauschen lassen.

▶ Konstante Anzeige **PEDAL**.

Eventuell ist der Rücktrittschalter defekt. Tretkurbel kurz zurück und dann wieder nach vorn treten, um einen Systemcheck durchzuführen. Wenn das Problem weiterhin besteht, müssen Sie den Fachhändler kontaktieren.

▶ **Kommunikationsfehler mit der Batterie**, die Akkuladezustandsanzeige auf dem Display blinkt.

Ist der Akku leer? Dann neu aufladen. Ist die Verbindung zum Akku unterbrochen? Entnehmen Sie diesen, prüfen und reinigen Sie alle Kontakte, bevor Sie den Akku wieder einsetzen. Ist der Akku sichtbar beschädigt, kontaktieren Sie den Fachhändler.

▶ Bei Anzeige **Motortemperatur zu hoch**:

Lassen Sie den Motor im Stand abkühlen und setzen dann die Fahrt fort.

▶ Bei **Batterietemperatur zu hoch**:

Fahren Sie für einige Zeit ohne Unterstützung und lassen den Akku so abkühlen.

▶ Bei **Batterietemperatur zu niedrig**:

Lagern Sie den Akku einige Zeit bei Zimmertemperatur und laden ihn dabei am besten gleichzeitig.

Fehler beim Panasonic-Antrieb

Der Next-Generation-Mittelmotor-Antrieb von Panasonic ist im Vergleich zu seinem Vorgänger von 2014 kompakter und leiser.

→ Bis 2013 gab es Bedieneinheiten mit LED-Anzeigen, bei neueren Modellen seitdem nur noch LCD-Anzeigegeräte.

Das Panasonic-System kalibriert sich von alleine. Nach dem Einschalten des Pedelecs wird dies neu durchgeführt. Beim Selbsttest wird das Tretlagerdrehmoment ermittelt und auf Tara (Nullwert) gesetzt.

Während der Kalibrierung ist unbedingt zu vermeiden, dass Druck auf die Pedalen ausgeübt wird, da das zu einem falschen Nullwert führt.

- Im LCD-Display erscheint als Fehler **E1**, bei Assistenzmodus-LEDs blinken diese und auch die LED-Batterieladestandsanzeige.

Dann einfach das Pedelec nochmals aus- und einschalten, ohne in die Pedale zu treten, um das System einzuschalten. Notfalls zum Händler.

- Bei neuen Reifen den Reifenumfang programmieren.

Wie bei einem normalen Tacho müssen Sie auch bei Tachometern der Panasonic-Bedieneinheit gegebenenfalls den neuen Reifenumfang eingeben, damit Sie immer die exakte Unterstützung und die richtigen Kilometerangaben vorfinden. Schauen Sie dazu in die Gebrauchsanleitung.

- Im LCD-Display erscheint der Fehlercode **E2** (für Error 2) oder die große Zahlenanzeige blinkt. Das Assistenzmodus-LED blinkt.

An der linken Kettenstrebe befindet sich ein externer Geschwindigkeitssensor. Wenn der Sensor verrutscht oder locker ist, funktioniert die Kraftunterstützung nicht, und der Magnet des Sensors muss dann neu ausgerichtet werden. Magnet und Geschwindigkeitssensor müssen parallel montiert werden. Am Sensor gibt es auch Fixierschrauben, die man einstellen kann. System aus- und wieder einschalten. Wenn Fehler fortbesteht, notfalls zur Werkstatt.

- Die Steuerelektronik schaltet in den Sicherheitsmodus, die Unterstützung ist dann begrenzt.

Bei starker Belastung, zum Beispiel bei Bergfahrten oder bei schwerer Beladung, kann der Motor sehr heiß werden und schaltet in den Sicherheitsmodus. Wenn sich der normale Funktionszustand nicht wiederherstellt, müssen Sie sich an den Händler wenden.

- Das System schaltet sich unkontrolliert aus und ein.

Überprüfen Sie Stecker und Kabel auf Schmutz, festen Sitz und äußerliche Beschädigung. Wenn das Säubern der Steckverbindung nichts bringt, müssen Sie den Händler kontaktieren.

Display-Fehlercodes zu Batterie und Ladegerät

Generell: Werden beim Laden Akku und/oder Ladegerät so heiß, dass man sie nicht mehr anfassen kann, brechen Sie den Ladevorgang ab und kontaktieren den Händler.

▶ An der Batterie blinken alle Felder nacheinander fortlaufend oder blinken die Felder **2** und **4**.

Hier müssen Sie den Händler kontaktieren.

▶ Die Felder **1, 3** und **5** blinken.

Die Batterie ist zu heiß oder die Platine ist beschädigt. Besteht das Blinken nach längerer Pause zur Abkühlung fort, ist ein Austausch (beim Händler) nötig.

▶ Es blinken nur die Felder **1** und **5**.

Es ist höchstwahrscheinlich ein Batteriezellenfehler. Eventuell ist aber nur die Batterie beim Laden überhitzt worden. Verschmutzte Anschlüsse bei Bedarf reinigen. Batterie abkühlen lassen. Besteht das Blinken dann noch fort, bringen Sie das E-Bike zum Händler.

▶ Die LEDs leuchten nach dem Laden gar nicht.

Prüfen Sie, ob die Steckverbindung zum Ladegerät verschmutzt ist (dann säubern) und ob der Akku fest eingerastet war. Oder ist der Akku bereits zu oft geladen worden und ist seine Kapazität erschöpft? Probieren Sie noch mal einen Ladevorgang, andernfalls müssen Sie den Händler kontaktieren.

▶ Am Ladegerät blinkt das Symbol **„36V Charger for Li-ion-Battery“** rot.

Batterie oder Ladegerät weisen Fehler auf, der Ladevorgang kann nicht durchgeführt werden. Verschmutzungen von den Anschlüssen entfernen. Notfalls müssen Sie zum Händler.

Fehlercodes im Fahrbetrieb

▶ Wenn die LEDs für Akkuladezustand aus sind.

Drücken Sie beim Pedalieren die Taste für den Akkuladezustand. Blinken die LEDs, sollten Sie den Händler kontaktieren.

▶ Die LEDs am Display leuchten nicht.

Ist der Akku richtig eingesetzt bzw. eingerastet? „Push“-Taste drücken: Leuchten die **2.** und **4.** LED? Dann ist die Sicherheitsvorrichtung des Akkus aktiv. Laden Sie den Akku neu auf.

▶ Oder leuchtet beim Drücken der „Push“-Taste keine LED?

Laden Sie den Akku neu auf, notfalls müssen Sie zum Händler.

▶ Bereits nach kurzer Fahrt blinken die LEDs für den Ladezustand am Display.

Stellen Sie sicher, dass der Akku geladen ist. Wenn das Blinken nur bei starker Kälte einsetzt, kann der Akku erschöpft sein (unter 0 °C ist die Reichweite stark eingeschränkt). Laden Sie diesen bei Kälte oder nach längerer Nichtbenutzung frisch auf. Geringer Reifendruck oder schleifende

Bremsen können den Akku schneller leeren als gewohnt. Pumpen Sie die Reifen auf und stellen Sie sicher, dass keine Reibungsverluste auftreten.

Fehlercodes beim Panasonic Centermotor mit LCD- (bzw. LED-)Display (Modelle ab 2014)

▶ Im LCD-Display (bzw. bei Assistenzmodus-LED) leuchten nur die äußeren Felder der Batterieanzeige.

Die Kommunikation mit der Batterie ist gestört. Entfernen Sie Verschmutzungen von den Batterieanschlüssen. Notfalls müssen Sie zum Händler.

▶ LCD-Display: Die große Zahlenanzeige blinkt (bzw. Assistenzmodus-LED blinkt).

Der Magnet des Sensors muss dann neu ausgerichtet werden. Magnet und Geschwindigkeitssensor müssen parallel montiert werden. Am Sensor gibt es auch Fixierschrauben, die man einstellen kann. System aus- und wieder einschalten. Wenn Fehler fortbesteht, notfalls zur Werkstatt.

▶ LCD-Display zeigt **E3** (bzw. alle Assistenzmodus-LEDs sind aus und Batterieladestandsanzeige blinkt).

Keine original Panasonic-Batterie? Nur gleiches Batterie-Modell wie beim Kauf des E-Bikes verwenden.

▶ Mit LCD-Display: **E5** und Rücklicht bzw. Hintergrundbeleuchtung blinkt (bzw. Assistenzmodus-LED blinkt 1x und Batterieladestandsanzeige blinkt fortlaufend 2x).

Das Bediengerät kann nicht authentifiziert werden. Überprüfen Sie die Kabelverbindungen zwischen Bediengerät und Motoreneinheit, Halterungskontakte und die Anzeigekontakte bei Verschmutzungen reinigen.

▶ Im LCD-Display erscheint **E9** (bzw. Assistenzmodus-LED nur ein Querstrich –):

Fehler in der Motoreinheit, den nur die Fachwerkstatt beheben kann. Auch wenn das LCD-Display ein blinkendes Kreissymbol zeigt, das Motorsymbol aufleuchtet oder die gesamte Anzeige blinkt, gehts direkt zur Werkstatt.

▶ Das LCD-Display zeigt das Symbol „Stromkreis unterbrochen".

Prüfen Sie zunächst die Steckverbindungen der Stromkabel. Im Notfall zur Werkstatt bringen.

→ Bei Modellen mit elektronischer Di2-Schaltung

Leuchtet im LCD-Display das Computersymbol auf, besteht ein Fehler in der Di2-Schaltung, ein Service wird fällig. Man kann das Fahrrad über das Shimano E-Tube-Projekt an den PC anschließen, Firmware aktualisieren und alle Fehler des Systems löschen.

▶ Im LCD-Display blinkt bei angeschlossenem USB-Gerät ein kleines Blitzsymbol (bzw. beim Assistenzmodus-LED blinkt die USB-Verbindungsmarkierung).

Schalten Sie das System aus und wieder ein. Blinkt die Anzeige weiter, wird das USB-Gerät nicht unterstützt. Entfernen Sie es.

- LCD-Display: Die Uhr-Anzeige blinkt (bzw. Assistenzmodus-LED nur ein Querstrich –).

Die erschöpfte Knopfbatterie austauschen und Uhrzeit neu einstellen.

- Blinkt im LCD-Display die Anzeige wechselnd zwischen **STANDARD** und **DD** (bzw. beim Assistenzmodus-LED blinkt anderes als ausgewähltes):

Prüfen Sie den Taster für die Schiebehilfe (Gehassistenz) auf Beschädigung. System aus- und wieder einschalten. Notfalls müssen Sie zum Händler.

- Im LCD-Display blinkt die Anzeige wechselnd zwischen **STANDARD** und **M** (bzw. beim Assistenzmodus-LED blinkt die LED des derzeit ausgewählten Assistenzmodus). Oder im LCD-Display blinkt die Anzeige wechselnd zwischen **STANDARD** und **H** (bzw. beim Assistenzmodus-LED erscheint nur ein Strich -).

Der Motor beziehungsweise die Batterie ist überlastet. In beiden Fällen kurz abkühlen lassen, dann ist die Temperatur wieder normal und die Assistenzfunktion wiederhergestellt.

- Das LCD-Display zeigt bei Funktion „Durchschnittsgeschwindigkeit“ die Zeichen **E km/h**.

Es sind nicht genügend Daten vorhanden. Setzen Sie „Durchschnittsgeschwindigkeit“ einfach zurück.

Fehler beim Shimano-Steps-Antrieb

Der noch relativ neue Mittelmotor Steps (Shimano Total Electric Power System) kommt vom Platzhirsch Shimano.

Für das Jahr 2014 hatten Falter/Bike & Co. und die Einkaufsgemeinschaft ZEG die Exklusivrechte, den Shimano Steps (Serie E6000) zu verbauen. Seit 2015 steht Steps aber allen Herstellern offen. Die Antriebseinheit E6000 gibt es in einer City- und Trekkingversion. Das E8000 ist für E-Mountainbikes vorgesehen.

Besonders intensiv ist das Zusammenspiel mit elektronisch zu schaltenden Di2-Getriebenaben mit acht oder elf Gängen. Das Schalten übernimmt hier ein kleiner Elektromotor an der Hinterradnabe. Neben der Ansteuerung des Motors mit der passenden Lenkerfernbedienung (Steps SW-E6000 mit drei senkrecht angeordneten Tasten) lässt sich mit einem zweiten gleichartigen Schalter die Shimano-Steps-Di2-Schaltung elektronisch bedienen. Voraussetzung dafür sind die entsprechenden Getriebenaben (zum Beispiel Alfine Di2 oder Nexus Steps Di2).

Shimano Steps: Störungen beim Laden und im Betrieb

▶ Der Akku beginnt den Ladevorgang nicht, wenn das Ladegerät angeschlossen ist.

Der Akku befindet sich möglicherweise am Ende seiner Gebrauchsdauer. Ersetzen Sie ihn durch einen neuen Akku.

▶ Der Akku wird nicht aufgeladen.

Ist der Netzstecker des Ladegeräts fest in die Steckdose und der Ladestecker in den Akku eingesteckt? Trennen Sie die Stecker und schließen Sie diese wieder an.

Sind die Anschlussklemmen des Ladegeräts oder des Akkus verschmutzt? Reinigen Sie die Anschlussklemmen mit einem trockenen Tuch. Wiederholen Sie dann den Ladevorgang. Keine Verbesserung? Kontaktieren Sie den Händler oder Service.

▶ Der Akku und das Ladegerät werden heiß.

Brechen Sie den Ladevorgang ab, warten Sie eine Weile und laden Sie dann erneut auf. Wenn der Akku zu heiß ist, um ihn zu berühren, kann dies ein Problem mit dem Akku anzeigen. Den Händler oder Service kontaktieren.

▶ Beim Laden tritt Flüssigkeit aus dem Akku aus oder es steigt ein stechender Geruch oder Rauch auf.

Brechen Sie sofort ab, entfernen Sie den Akku (wenn möglich) und wenden Sie sich an den Händler oder Service.

▶ Auf dem Ladegerät leuchtet die LED nicht auf.

Ist der Ladestecker des Ladegeräts fest in den Akku eingesteckt? Prüfen Sie den Anschluss auf Fremdkörper, bevor Sie den Ladestecker erneut einstecken. Oder ist der Akku vollständig geladen?

▶ Wenn der Akku vollständig geladen ist, erlischt die LED auf dem Ladegerät.

Dies ist keine Fehlfunktion. Ziehen Sie den Netzstecker des Ladegeräts ab und stecken Sie ihn erneut ein. Wiederholen Sie dann den Ladevorgang. Wenn sich nichts ändert, wenden Sie sich an den Service.

▶ Im Betrieb leuchten alle fünf Akkuladestandsanzeigen kontinuierlich.

Der Akkuladestand wird durch die LEDs nur während des Ladevorgangs angezeigt. Wenn der Akku an das Fahrrad angeschlossen ist, erfolgt die Ladestandsanzeige nur auf dem Display.

▶ Der Akku verliert bei normalen Temperaturen und Belastungen schnell an Ladung.

Dann hat er eventuell das Ende seiner Gebrauchsfähigkeit erreicht. Ersetzen Sie ihn durch einen neuen Akku.

Fehlersuche anhand wahrgenommener Störungen und im Display

▶ Beim Fahren gibt es keine Unterstützung durch den Motor.

Ist der Akku ausreichend geladen? Bei Bedarf aufladen. Ist der Akku zu heiß? Wurden zu lange bei hohen Temperaturen große Steigungen gefahren? Dann das System abschalten und den Akku abkühlen lassen. Oder ist der Unterstützungsmodus auf „OFF“ eingestellt? Den Unterstützungsmodus auf „High“ stellen. Immer noch keine Unterstützung? Ist die Display-Stromversorgung eingeschaltet? Ein-/Ausschalter gedrückt halten. Notfalls müssen Sie damit zum Händler.

Wenn das alles nichts gebracht hat, ist die Antriebseinheit, das Display oder der Unterstützungsschalter eventuell falsch angeschlossen. Möglich ist auch ein Problem mit mehreren Komponenten. Dann den Händler oder Service kontaktieren.

▶ Die Fahrtstrecke mit Motorunterstützung ist zu kurz.

Straßenbedingungen, Gangstufe, Licht und Außentemperaturen wirken sich immer auf die Akkuleistung aus. Prüfen Sie aber die Akkuladung. Wenn der Akku fast leer ist, laden Sie ihn erneut auf. Bei Kälte nehmen Sie den Akku ins Warme und setzen ihn erst bei Fahrtantritt ein.

Wenn die Leistung auf Dauer stark nachlässt, muss der Akku durch einen neuen ersetzt werden.

▶ Die Pedale lassen sich nur schwer treten.

Haben Sie das System mit Ihrem Fuß auf dem Pedal eingeschaltet? Schalten Sie das System aus und erneut ein, ohne Druck auf das Pedal auszuüben.

Steht der Unterstützungsmodus auf **OFF** (aus)? Unterstützungsmodus auf **HIGH** (hoch) stellen.

Wenn die Reifen nicht mehr genug Luftdruck haben, pumpen Sie diese gut auf.

Prüfen Sie aber die Akkuladung. Wenn der Akku fast leer ist, laden Sie ihn erneut auf. Wenn das alles keine Verbesserung bringt, kontaktieren Sie den Händler oder Service.

▶ Die Anzeige des Displays erscheint nicht, selbst wenn der Ein-/Ausschalter am Akkupack gedrückt wird.

Wenn der Akku sicher aufgeladen ist: Ist das Display ordnungsgemäß an der Halterung angebracht? Das Display muss beim Schieben auf die Halterung mit einem Klicken einrasten.

Ist der Stromkabelstecker ordnungsgemäß angebracht? Ist der Stecker des Stromkabels, der die Motoreinheit der Schaltung (hintere Radnabe) mit der Antriebseinheit (an der Tretkurbel) verbindet, getrennt? Sind Sie unsicher, kontaktieren Sie den Service.

- Das Einstellmenü ist während der Fahrt nicht erreichbar.

Das ist keine Fehlfunktion, sondern aus Sicherheitsgründen absichtlich so konzipiert. Halten Sie das Fahrrad an, und nehmen Sie dann die Einstellungen vor.

- Vorderlicht oder Rücklicht leuchten nicht, selbst wenn der Schalter gedrückt wird.

Die E-TUBE PROJECT-Einstellung ist möglicherweise nicht korrekt. Kontaktieren Sie den Service.

- Die Gangstufe wird nicht angezeigt.

Die Gangstufe wird nur bei elektronischen Gangschaltungen angezeigt. Prüfen Sie, ob die Stromkabel richtig angeschlossen sind. Sonst müssen Sie den Händler kontaktieren.

Shimano Steps: Warnungsmeldungen für E6000 und E8000

Funktioniert das Display, werden Warnhinweise mit einem Warndreieck und einer Warnungsnummer (W XXX) angezeigt. Wenn Warnungen im Display erscheinen, hilft es oft, zunächst den Ein- und Ausschalter am Akkupack zu drücken und/oder den Akku zu entnehmen und wieder einzusetzen.

- Bei Code **W010** ist die Temperatur der Antriebseinheit zu hoch.

Den Motor abschalten und die Antriebseinheit abkühlen lassen.

- Code **W011** heißt, dass die Fahrgeschwindigkeit nicht festgestellt werden kann.

Prüfen Sie, ob der Geschwindigkeitssensor ordnungsgemäß eingebaut ist. Wenn keine Verbesserung eintritt, kontaktieren Sie den Service.

- Fehlermeldung **W012** (E6000) bedeutet, dass die Kurbel möglicherweise verkehrt herum montiert ist.

Kurbel überprüfen und richtig herum montieren. System neu starten.

- **W013** (E8000) zeigt bei geringerer Tretunterstützung als gewohnt an, dass der Drehmomentsensor eventuell nicht vollständig erfolgreich initialisiert ist.

Fuß vom Pedal nehmen, Ein-/Ausschalter des Akkus drücken, System neu starten. Notfalls den Service kontaktieren.

- **W030** in der Anzeige, wenn die Gangschaltung für Di2-Kettenschaltungswerke nicht verfügbar ist, bedeutet, dass zwei oder mehr Unterstützungsschalter mit dem System verbunden sind.

Ändern Sie den Unterstützungsschalter in den Gangschaltungsschalter oder schließen Sie nur einen Unterstützungsschalter an. Schalten Sie das System aus und erneut ein.

- Code **W031** (E6000) heißt, dass die Kettenspannung angepasst oder der Montagewinkel der Kurbel geprüft werden muss.

Unterstützungsfunktionen stehen nicht zur Verfügung (elektronische Gangschaltung funktioniert nicht). Kettenspannung und Montagewinkel prüfen. Im Dialog „Ja" wählen, wenn beides stimmt.

▶ Ist bei Code **W032** (E8000) eventuell die bereitgestellte Tretunterstützung im (GEHE)-Modus geringer als normalerweise?

Eventuell ist anstelle eines mechanischen ein elektronisches Schaltwerk eingebaut. Umwerfer wieder einbauen, für den das System konzipiert ist. Tritt keine Verbesserung ein, kontaktieren Sie den Händler.

Shimano Steps: Fehlermeldungen

Wird die Fehlermeldung auf dem gesamten Bildschirm angezeigt, befolgen Sie eines der folgenden Verfahren, um die Anzeige zurückzusetzen..

▶ Codes **E010, E011** (E8000) sind Systemfehler, die zum Ausfall der Tretunterstützung führen.

Drücken des Ein- und Ausschalters am Akkupack, um das System einzuschalten.

▶ Keine Tretunterstützung während der Fahrt haben Sie auch bei folgenden Fehlermeldungen **E012 bis E043**:

Code **E012**: Die Initialisierung des Drehmomentsensors ist fehlgeschlagen. Nehmen Sie den Fuß vom Pedal. Ein- und Ausschalter drücken und das System wieder einschalten.

Codes **E013, E014**: Anomalie in Firmware der Antriebseinheit. Wenden Sie sich an Ihren Händler.

Code **E020**: Kommunikationsfehler zwischen Akku und Antriebseinheit. Sind die Kabel zwischen Akku und Antriebseinheit korrekt angeschlossen? Wenn ja und wenn keine Änderung eintritt, den Händler oder Service kontaktieren.

Code **E021** (E8000): Akku entspricht Systemstandards, wird aber nicht unterstützt. Schalten Sie den Akku aus und wieder ein. Wenn keine Verbesserung eintritt, den Händler kontaktieren.

Code **E030** (E6000) ist ein Einstellungsfehler. Drücken des Ein- und Ausschalters. Wenn keine Verbesserung eintritt, den Händler kontaktieren.

Code **E043** signalisiert einen Fehler in der Firmware des Fahrradcomputers. Sie müssen sich an den Händler oder die Fachwerkstatt wenden.

▶ **E022** (E8000) und alle Systemfunktionen werden abgeschaltet.

Akku entspricht Systemstandards, wird aber nicht unterstützt. Schalten Sie den Akku aus und wieder ein. Wenn keine Verbesserung eintritt, den Händler kontaktieren.

▶ Es erscheint Code **E031** (E6000) und Unterstützungsfunktionen stehen nicht zur Verfügung (elektronische Gangschaltung funktioniert nicht).

Die Kettenspannung ist eventuell nicht angepasst oder die Kurbel in falscher Position montiert. Kettenspannung und Montagewinkel der Kurbel korrigieren. Anschließend System einschalten. Wird „**W031**" angezeigt, wählen Sie „Ja".

Fehler beim TranzX-Antrieb

TranzX PST wird in Varianten mit Motoren im Hinter- und Vorderrad sowie als Mittelmotor im Rahmen angeboten.

Beim TranzX kommt eine Reihe von Sensoren zum Einsatz. Der TMM-4-Sensor ist der Drehmomentsensor, welcher an der rechten Aufnahme des Hinterrads sitzt. Der RPM-Sensor befindet sich am Tretlager, dort messen sechs Magnete die Drehzahl.

→ Motorstecker lösen bei TranzX-Motoren

Bei Mittelmotoren ist ein Ausbau der Räder wie bei herkömmlichen Fahrrädern möglich. Bei den anderen Varianten muss der Motorstecker gelöst werden. Öffnen Sie dazu die Kabelhalterung, beim Vorderradmotor an der Gabel rechts, beim Hinterradmotor am linken Hinterbau, und drehen Sie den Schraubverschluss auf. Den dreipoligen Stecker kann man nun mit leichtem Druck herausziehen. Der Stecker kann ein bisschen klemmen, da er gedichtet ist. Beim Einbau gehen Sie in umgekehrter Reihenfolge vor.

Den TranzX-Antrieb kalibrieren

Um einen neuen Nullpunkt setzen zu können, sollten Sie zunächst darauf achten, dass die Kette nicht zu stark gespannt ist. Spannen Sie das Rad in einen Montageständer (oder wenn vorhanden, stellen Sie es auf dem Zweibeinständer ab). Wichtig ist, dass es keine Pedalbelastung gibt.

Drücken Sie dann den Hintergrundlicht-Knopf an der Bedieneinheit am Lenker für mindestens 6 Sekunden.

Je nach Modell unterscheidet sich das weitere Vorgehen: Wenn im Display **CALXX.X** erscheint, halten Sie den Knopf gedrückt, bis die Anzeige **CALXX.X** verschwindet. Das System ist dann neu eingestellt. Überprüfen Sie, ob der Magnet im Tretlager nah genug am RPM-Sensor ist. Im Display erscheint ein Wert, der zwischen **200** und **600** liegen sollte. Wenn dies nicht der Fall ist, kontaktieren Sie Ihren Händler.

Bei den neuesten Modellen kommt ein spezielles Innenlager zum Einsatz, das wie ein herkömmliches Lager in den Tretlagerbereich gesetzt wird und sowohl Drehmoment- als auch Drehzahlsensor umfasst (BB-Sensor). Bei diesem System braucht auch nichts mehr kalibriert zu werden.

Am Bremshebel sitzt wiederum ein Sensor, der misst, wenn der Bremshebel gezogen wird, um dann die Motorunterstützung zu stoppen (Cut-Off-Bremshebel).

Probleme beim Laden

▶ Bereits nach 10 Minuten Ladezeit erscheint am Ladegerät die grüne Anzeige.

Trennen Sie den Akku vom Ladegerät. Überprüfen Sie alle Steckkontakte. Sind sie verschmutzt oder beschädigt? Laden Sie im Bereich der empfohlenen Umgebungs- und Ladetemperatur (also zwischen 0 °C und 45 °C). Sollte das Problem dann noch bestehen, kontaktieren Sie Ihren Händler.

▶ Das Ladegerät blinkt ständig.

Sollte das Ladegerät ständig blinken und nicht auf ein dauerhaftes „Rot“ umschalten, kontaktieren Sie den Händler, um das Ladegerät zu überprüfen.

Fehler beim Fahren

▶ Das Display bleibt dunkel.

Falls der Akku geladen und nicht defekt ist, liegt es eventuell daran, dass die Sicherung durchgebrannt ist. Überprüfen Sie die Sicherung des Akkus und des Displays.

▶ Im Display blinkt die Batterieanzeige.

Das Display erkennt die Akkukapazität nicht. Kontaktieren Sie den Händler.

▶ Im Display erscheint ein Schraubenschlüssel.

Für sämtliche Steckkontakte empfiehlt der Hersteller eine Überprüfung alle zwei bis drei Monate. Erscheint im Display der Schraubenschlüssel und sind die Kabel alle in Ordnung, insbesondere das Kabel zum Kraftsensor, müssen Sie den Händler kontaktieren.

Ab der Version 1000 bietet das TranzX eine Fehleranzeige im Display an. Die „Error Codes“ bieten einen ersten Anhaltspunkt, welcher Fehler vorliegt. Allerdings heißt es trotzdem, dass man meist nicht an einer Fahrt in die Werkstatt vorbeikommt, da die Error Codes im Grunde nur dem Händler eine einfachere Analyse ermöglichen.

→ AGT mit neuen Fehlercodes

TranzX bietet eine automatische Gangschaltung an, die am Zusatz „AGT“ (steht für Automatic Gear Transmission) zu erkennen ist. Achtung: Mit dem Automatiksystem AGT haben sich die Fehlercodes verändert!

▶ Bei Code **1** besteht eine Fehlfunktion des Motors (Motor vibriert und gibt Geräusche von sich) oder Fehlfunktion der Bedieneinheit.

Bei AGT: Die Motorkabelsteckverbindung überprüfen (siehe Hinweise zum Ausbau der Laufräder Seite 109), der Motor-Geschwindigkeitssensor funktioniert eventuell nicht. Ansonsten bleibt nur, den Händler zu kontaktieren.

▶ Bei Code **2** ist der Schaltkreis des Drehmomentsensors (BB- oder TMM4-Sensor genannt) unterbrochen.

Bei AGT: BB-Sensor muss überprüft werden, eventuell hilft nur ein Austausch des Kabels oder des Sensors. Alle anderen Modelle müssen zum Händler.

- Bei Code **3** ist keine Motorunterstützung zu spüren, möglicherweise durch Kurzschluss im Schaltkreis oder Sensor.

Bei AGT: BB-Sensor muss überprüft werden, evtl. hilft nur ein Austausch des Kabels oder des Sensors. Alle anderen Modelle müssen zum Händler.

- Code **4** wird bei ungleichmäßiger oder gar keiner Motorunterstützung angezeigt; der Tretsensor ist wohl defekt.

Bei AGT: BB-Sensor muss überprüft werden, evtl. hilft nur ein Austausch des Kabels oder des Sensors. Andere Modelle: Abstand zwischen RPM-Sensor und Magnetscheibe am Tretlager überprüfen (max. 2 – 3 mm). Sensor auf Verschmutzung überprüfen; letztlich den Händler kontaktieren.

- Code **5** bedeutet bei AGT: Eine falsche Geschwindigkeit wird angezeigt, evtl. ist der Geschwindigkeitssensor defekt.

Ihnen bleibt nur das Überprüfen der Kabel und Steckverbindungen, bevor Sie zum Händler müssen.

- Code **5** bedeutet bei den anderen Modellen: Vom Geschwindigkeitssensor wird kein Signal übertragen, evtl. auch keine Motorunterstützung.

Den Geschwindigkeitssensor überprüfen. Der Speichenmagnet am Hinterrad darf maximal einen Abstand von 5 Millimeter aufweisen. Weiterfahren ist möglich, doch die aktuelle Geschwindigkeit wird im Display nicht angezeigt werden.

Auch wenn versucht wurde, das Fahrrad auf einem Montageständer „Probe zu fahren", kann der Fehlercode 5 auftreten. Fahrrad dann auf den Boden stellen ohne Ständer, zum Beispiel an eine Wand, keine Belastung ausüben. Das Display einschalten, den Akku kurz entnehmen, Akku wieder einsetzen. Das Display wieder einschalten, Display kalibrieren, Fehler sollte verschwunden sein (ansonsten Händler kontaktieren).

- Fehlercode **6** bedeutet im einfachsten Fall: Beim Einschalten ist der Cut-Off-Bremshebel gezogen worden.

System aus- und wieder einschalten, dabei nicht den Bremshebel ziehen, Fehler müsste verschwinden.

- Code **6** kann auch heißen, dass das Ausschalten des Motors über den Cut-Off-Bremshebel nicht funktioniert, evtl. ist die Abschaltautomatik des Cut-Off-Bremshebels defekt.

Variante 1: System ausschalten, Akku entfernen und wieder einsetzen, System neu starten, die Cut-Off-Funktion steht nicht mehr zur Verfügung.

Variante 2: Bremshebelkabel am Display abbauen, Display kalibrieren, Beleuchtungstaste 6 Sekunden gedrückt halten, System jetzt im Normalmodus ohne Cut-Off-Unterstützung. So ist eine Weiterfahrt möglich.

Das Bremshebelkabel muss repariert oder ausgetauscht werden, danach Kabel wieder mit Display verbinden, System neu kalibrieren, System jetzt im Normalmodus mit Cut-Off-Unterstützung.

▶ Wenn das Akkusymbol blinkt, ist entweder der Akku leer oder es liegt ein Fehler im Batteriemanagement-System vor.

Den Akku laden oder den Händler kontaktieren, wenn das nichts hilft.

▶ Motorunterstützung harmoniert nicht mit dem Treten.

Eventuell liegt es daran, dass sich die Nulllage des Kraftsensors verstellt hat. Die Lösung kann das Neukalibrieren des Sensors sein. Notwendig ist dies bei einem Ausbau des Hinterrads, bei einem Software-Update und nach einem Sturz. Das Kalibrieren ist nicht bei allen TranzX-Modellen notwendig. Schauen Sie in die Betriebsanleitung, ob sich das System selbst kalibriert.

▶ Bei Bergauffahrten kommt es zu Aussetzern der Unterstützung.

Eventuell fahren Sie so langsam, dass der Tretlagersensor zu wenig Impulse bekommt und deshalb die Motorunterstützung eingestellt wurde. Wenn Sie in einen kleineren Gang schalten, erhöht sich die Trittfrequenz und der Sensor sollte wieder richtig arbeiten. Wenn nicht, sollte die Steuerung vom Händler überprüft werden.

▶ Die Geschwindigkeitsanzeige springt und schaltet sich ab.

Möglicherweise ist der Motor bei einer Bergfahrt zu heiß geworden, das beeinträchtigt auch die Geschwindigkeitsanzeige.

Fehler bei Yamaha-Antrieben

Seit vielen Jahren bedient Yamaha das Mittelmotor-Segment für Pedelecs. 2014 wurde der Antrieb von Grund auf überholt, um der wachsenden Konkurrenz Paroli zu bieten.

Unter dem Label „Sync Drive“ wird der Yamaha-Motor mit veränderten Spezifikationen zudem exklusiv von Giant verbaut. Kinderkrankheiten wie Schwächen am Display gelten mittlerweile als ausgemerzt.

Akku und Ladegerät

▶ Der Akku lädt nicht auf.

Sind der Netz- und der Ladestecker fest eingesteckt? Die Steckverbindungen prüfen. Sind die Kontaktanschlüsse von Ladegerät oder Akkus verschmutzt oder nass? Den Akku vom Ladegerät trennen und Netzstecker ziehen. Kontakte mit trockenem Tuch reinigen. Ladegerät und Akku wieder anschließen. Leuchten die Lampen des verbleibenden Akkuladestands? Lademethode prüfen. Wird der Akku immer noch nicht geladen, liegt eventuell eine Fehlfunktion im Ladegerät vor.

▸ Beim Laden blinken die Ladebalken gleichzeitig auf.

Ist der Ladeanschluss des Akkus feucht? Den Ladeanschluss und den Ladestecker reinigen und trocknen. Wenn das nicht hilft, liegt ein Kontaktfehler an den Kontaktanschlüssen vor. Den Akku vom Ladegerät trennen, am Fahrrad einsetzen und das System einschalten. Den Ladestecker wieder anschließen. Wenn die Lampen weiter blinken, liegt eventuell ein Fehler im Ladegerät vor.

▸ Im Betrieb blinken die Ladebalken abwechselnd.

Es liegt ein Kontaktfehler an den Kontaktanschlüssen vor. Den Akku vom Fahrrad nehmen, Ladestecker anschließen. Den Akku wieder am Rad einsetzen und das System einschalten. Wenn die Lampen weiter blinken, liegt eventuell ein Fehler in der Antriebseinheit vor. Vom Fachhändler prüfen lassen.

▸ Beide seitlichen Lampen blinken gleichzeitig.

Die Schutzfunktion des Akkus wurde aktiviert und das System kann nicht verwendet werden. Ersetzen Sie den fehlerhaften Akku so schnell wie möglich bei einem autorisierten Händler.

▸ Das Ladegerät wird so heiß, dass man es nicht mehr anfassen kann.

Den Ladestecker ziehen und warten, bis das Gerät sich abgekühlt hat.

Gibt das Ladegerät unnormale Geräusche, schlechte Gerüche oder Rauch ab, ziehen Sie den Ladestecker und brechen Sie den Betrieb sofort ab. Wenden Sie sich damit an den Fachhändler.

▸ Nach dem Aufladen leuchten nicht alle Lampen der Ladestandsanzeige auf, wenn die Taste für die Akkuladestandsanzeige gedrückt wird.

Der Akku ist unvollständig geladen. Haben Sie das Aufladen des Akkus bei einer hohen Temperatur begonnen, zum Beispiel unmittelbar nach der Verwendung?

Den Akku noch mal möglichst in einer Umgebungstemperatur von 15 bis 25 °C aufladen.

Oder wurde während des Ladens eventuell der Ladestecker getrennt oder der Akku während des Aufladens entfernt? Den Akku nach dem Überprüfen nochmals laden.

▸ Nach dem Trennen des Ladesteckers des Ladegeräts vom Akku leuchtet die Lampe für die Ladestandsanzeige weiter.

Ist der Ladeanschluss des Akkus feucht? Ladeanschluss und Ladestecker reinigen und trocknen.

Im Fahrbetrieb

▶ Das Bewegen der Pedale ist ungewohnt schwergängig, fehlende Motorunterstützung.

Prüfen Sie, ob der Akku genug Ladung hat und richtig eingesetzt wurde.

Ist die Stromversorgung der Anzeigeeinheit eingeschaltet, stand das Pedelec länger als 5 Minuten still? Netzschalter an Anzeigeeinheit drücken, um die Stromversorgung einzuschalten.

Ist die Lufttemperatur niedriger als ca. 10 °C, erschöpft der Akku schneller. Lagern Sie den Akku immer bei Zimmertemperatur.

Fahren Sie auf einer langen ansteigenden Strecke oder transportieren Sie eine schwere Ladung während des Sommers? Schutzabschaltung bei drohender Überhitzung des Systems. Warten Sie, bis die Temperatur von Akku und/oder Antrieb gesunken ist. Das System dann wieder einschalten.

▶ Antrieb schaltet sich während der Fahrt ein und aus.

Ist der Akku korrekt eingesetzt? Überprüfen Sie, ob der Akku korrekt eingerastet ist. Tritt das Problem weiterhin auf, könnte ein loser Anschluss die Ursache sein. Vom Fachhändler prüfen lassen.

▶ Die Anzeigeeinheit schaltet sich wenige Sekunden nach dem Einschalten aus.

Entnehmen Sie den Akku und reinigen Sie alle Anschlüsse mit einem trockenen Tuch. Den Akku wieder einsetzen.

▶ Die Schiebehilfsfunktion schaltet sich aus.

Ist das Rad für ein paar Sekunden blockiert? Den Schiebehilfeschalter loslassen, prüfen, ob die Räder sich drehen lassen, dann den Schalter erneut drücken. Oder haben Sie die Pedale gedreht, während die Schiebehilfsfunktion lief? Nehmen Sie die Füße von den Pedalen und den Finger einen Moment vom Schalter der Schiebehilfe. Funktioniert die Schiebehilfsfunktion dann nicht, bleibt der Gang zum Fachhändler.

▶ Eine Unterstützungsmoduslampe leuchtet rot auf und eine Fehlerbeschreibung wird im Funktionsdisplay angezeigt.

Es gibt kein Signal am Geschwindigkeitssensor. Starten Sie das System neu. Besteht das Problem weiterhin, überprüfen Sie die Ausrichtung des Speichenmagneten und korrigieren Sie bei Bedarf die Position.

▶ Die Unterstützungsmoduslampe leuchtet rot auf, die Hauptfahranzeige und **ER** werden abwechselnd angezeigt und eine Fehlerbeschreibung erscheint im Funktionsdisplay.

Das System neu starten. Besteht das Problem weiter, muss das vom Fachhändler geprüft werden.

▶ Von der Antriebseinheit kommen rumpelnde oder knirschende Geräusche, Rauch oder ein ungewöhnlicher Geruch.

Es könnte ein Problem im Inneren der Antriebseinheit vorliegen. Das müssen Sie vom Fachhändler prüfen lassen.

▶ Die Fahrstrecke hat sich spürbar verringert.

Prüfen Sie, ob der Akku vollständig geladen ist. Bei niedrigen Außentemperaturen sollten Sie den Akku vor der Fahrt bei Raumtemperatur lagern. Möglicherweise hat der Akku sein Lebensende erreicht? Dann gegen einen neuen Akku austauschen.

Stromversorgung externer Geräte über den USB-Anschluss

▶ Ein am USB-Port angeschlossenes Gerät funktioniert nicht bzw. bekommt keinen Strom.

Ist die Stromversorgung der Anzeigeeinheit eingeschaltet? Wenn nicht, Netzschalter an Anzeigeeinheit drücken, um die Stromversorgung einzuschalten.

Ist die USB-Version korrekt? Verwenden Sie ein externes Gerät, das der USB-Spezifikation 2.0 entspricht.

Ist der USB-Kabeltyp korrekt? Verwenden Sie ein OTG-Kabel (USB-Standard „On-The-Go"). Und schließen Sie die Hostseite an den Schalter an.

Ist das USB-Kabel korrekt angeschlossen? Ziehen Sie das USB-Kabel ab, entfernen Sie bei Bedarf Verschmutzungen und/oder Feuchtigkeit und schließen Sie das Kabel sorgfältig wieder an.

Ist im Display USB auf **COMM** eingestellt? Stellen Sie die USB-Einstellungen auf **PWR SPLY** ein, beziehen Sie sich dabei auf „Stoppuhr und Einstellungen", oder schalten Sie die Stromversorgung aus und schalten Sie das Gerät dann wieder ein.

Bluetooth-Kommunikation

▶ Die drahtlose Kommunikation per Bluetooth funktioniert nicht.

Sind die Drahtlos-Einstellungen sowohl der Anzeigeeinheit als auch Ihres Drahtlosgeräts eingeschaltet? Und sind die Kommunikationsprofile des Drahtlos-Geräts oder der Anwendungssoftware, das/die drahtlos mit den Kommunikationsprofilen der Anzeige kommunizieren, richtig? Beziehen Sie sich auf „Stoppuhr und Einstellungen", und legen Sie dann die richtigen Kommunikationsprofile des Drahtlos-Geräts oder der Anwendungssoftware fest.

▶ Die Anzeigewerte des externen Drahtlos-Geräts sind offensichtlich falsch.

Haben Sie die Einstellungen der Kommunikationsprofile geändert? Heben Sie die Kopplung der Geräte auf. Legen Sie die Kommunikationsprofile fest und stellen Sie die Kopplung wieder her.

Hilfe

1 Adressen
Eine Auswahl bekannter Pedelec-Anbieter in alphabetischer Reihenfolge

2 E-Bike- und Pedelecmotoren im Vergleich
Hersteller, die nur an Pedelec-Anbieter verkaufen, verzichten gelegentlich auf einen eigenen Endkunden-/Internetauftritt und stellen auch nicht immer alle Informationen bereit – in den technischen Unterlagen des Pedelec-Herstellers sollten Sie aber alle relevanten Daten finden. Hier stehen die wichtigsten Kennzahlen der aktuellen Motoren für (S-)Pedelecs und E-Bikes – sortiert nach Front-, Mittel- und Heckantrieben. Alle Angaben beruhen auf Herstellerunterlagen und sind ohne Gewähr.

3 Stichwortverzeichnis
Schneller Zugriff auf die wichtigen Stichwörter und Fachbegriffe

Adressen

Eine Auswahl bekannter Pedelec-Anbieter in alphabetischer Reihenfolge. Die Nennung dieser Internetadressen stellt keine Empfehlung dar, die Liste erhebt keinen Anspruch auf Vollständigkeit.

bhbikes.com
bulls.de
centurion.de
cube.eu
decathlon.de
diamantrad.com
derby-cycle.com
electrolyte.bike
flyer-bikes.com
giant-bicycles.com
gudereit.de
haibike.com
kalkhoff-bikes.com
kettler-alu-rad.de
kreidler.com
ktm-bikes.at
raleigh-bikes.de
rosebikes.de
r-m.de
rotwild.de
schauff.de
victoria-fahrrad.de
vivax-assist.com
winora.com

Übersicht Frontmotoren

Hersteller	Ananda			
Modelle	M90	M108	M109	M130 V
Zur Nachrüstung geeignet	Ja	Ja	Ja	Ja
Gewicht (Motor)	1,7 kg	2 kg	2,3 kg	2,9 kg
Spannung	36 V	36 V	36 V	36 V
Nennleistung	180 W	250 W	250 W	250 W
Max. Drehmoment	18 Nm	30 Nm	41 Nm	38 Nm
Unterstützungsstufen	Nach Kundenwunsch	Nach Kundenwunsch	Nach Kundenwunsch	Nach Kundenwunsch
Rücktrittbremse möglich	Ja	Ja	Ja	Ja
Rekuperation	Nein	Nein	Nein	Nein
Maximal lieferbare Akkukapazität	K. A.	396 Wh	K. A.	375 Wh (Gepäckträgermodell)
Vom Hersteller verfügbare Displays	K. A.	D 5 / D 7	D 5 / D 6	D 6 / D 7
Smartphone-App / Steuerung per App	K. A.	K. A.	K. A.	K. A.
Vollautomatik möglich	K. A.	K. A.	K. A.	K. A.
URL	ananda-drive.com			

K. A. = Keine Angabe.

Übersicht Frontmotoren

Hersteller	Ansmann	Bafang		Heinzmann	
Modelle	FM 4.1	FM G320	FM G010	Classic	DirectPower PRA 180-25
Zur Nachrüstung geeignet	Ja	Ja	Ja	Ja	Ja
Gewicht (Motor)	1,8 kg	2,4 kg	3,0 kg	3,5 kg	4,5 kg
Spannung	36 V	36/43 V	36/43 V	36 V	36 V
Nennleistung	250 W	250 W	250 W	250 W	250 /500 W
Max. Drehmoment	30 Nm	30 Nm	32 Nm	60 Nm	60 Nm
Unterstützungsstufen	6	Nach Kundenwunsch	Nach Kundenwunsch	2	Nach Kundenwunsch
Rücktrittbremse möglich	Ja	Ja	Ja	Ja	Ja
Rekuperation	Nein	Nein	Nein	Nein	Ja
Maximal lieferbare Akkukapazität	630 Wh 504 Wh (Gepäckträger)	750 Wh	750 Wh	486 Wh	515 Wh
Vom Hersteller verfügbare Displays	LED/LCD	12	12	LED	1
Smartphone-App/Steuerung per App	K. A.	K. A.	K. A.	Nein	Nein
Vollautomatik möglich	K. A.	K. A.	K. A.	K. A.	K. A.
Besonderheiten					
URL	ansmann-energy.com	bafang-e.com		ebike.heinzmann.com	

	Marquardt	Panasonic	SR Suntour	TranzX	Hersteller
DirectPower PRA 180-30	„Frontmotor"	Front Hub Motor	ATS-Frontmotorsystem	F 15	Modelle
Ja	Ja	Ja	Nein	Ja	Zur Nachrüstung geeignet
5,2 kg	2,5 kg	2,8 kg	2,6 kg	2,5 kg	Gewicht (Motor)
36 V	48 V	36 V	36 V	36 V	Spannung
500 W	250 W	250 W	250 W	250 W	Nennleistung
60 Nm	35 Nm	k. A.	40 Nm	45 Nm	Max. Drehmoment
Nach Kundenwunsch	K. A.	3	3	4	Unterstützungsstufen
Ja	Ja	Ja	Ja	Ja	Rücktrittbremse möglich
Ja	K. A.	Nein	Nein	Nein	Rekuperation
515 Wh	500 Wh	486 Wh	418 Wh	601 Wh	Maximal lieferbare Akkukapazität
1	3	3	1	3 (DP 15/27, DP 16, SP 24 /RC 19)	Vom Hersteller verfügbare Displays
Nein	Ja/Nein	Nein	Nein	Nein	Smartphone-App/Steuerung per App
K. A.	K. A.	Nein	K. A.	Ja	Vollautomatik möglich
S-Pedelec-Motor					Besonderheiten
ebike.heinzmann.com	marquardt-ebike.com	eu.industrial.panasonic.com	srsuntour-cycling.com	tranzx.com	URL

K. A. = Keine Angabe.

Übersicht Mittelmotoren

Hersteller	AEG			Ananda
Modelle	ComfortDrive / ComfortDrive C	EcoDrive / EcoDrive C	SportDrive	M80 BBTR / M80 STR
Zur Nachrüstung geeignet	Nein	Nein	Nein	Nein
Gewicht (Motor)	k. A.	k. A.	k. A.	3,7 kg
Spannung	36 V	36 V	48 V	36 / 48 V
Nennleistung	250 W	250 W	250 W	250 / 350 W
Max. Drehmoment	100 Nm	50 Nm	60 Nm	80 / 85 Nm
Unterstützungsstufen	5	5	5	Nach Kundenwunsch
Rücktrittbremse möglich	Ja	Ja	Nein	K. A.
Rekuperation	Nein	Nein	Nein	Nein
Maximal lieferbare Akkukapazität	576 Wh	374 Wh	600 Wh	396 Wh
Vom Hersteller verfügbare Displays	1	1	1	D 5
Smartphone-App / Steuerung per App	Ja / Nein	Ja / Nein	Ja / Nein	K. A.
Vollautomatik möglich	K. A.	K. A.	K. A.	K. A.
Besonderheiten	ProKey-Chip-Technologie			
URL				ananda-drive.com

Bafang			Brose		Hersteller
8fun	**Max Drive**	**Ultra Drive**	**Drive S** **Drive T**	**Drive TF**	**Modelle**
Ja	Nein	Nein	Nein	Nein	**Zur Nachrüstung geeignet**
3,8 kg	3,9 kg	5,3 kg	3,4 kg	3,4 kg	**Gewicht (Motor)**
36/48 V	36/43/48 V	48/60 V	36 V	36 V	**Spannung**
250/500 W	250/350 W	750/1 000 W	250 W	250 W	**Nennleistung**
80 Nm	80 Nm	160 Nm	90 Nm	90 Nm	**Max. Drehmoment**
k. A.	5	K. A.	K. A.	K. A.	**Unterstützungs-stufen**
Nein	Ja	K. A.	K. A.	K. A.	**Rücktrittbremse möglich**
Nein	Nein	Nein	K. A.	K. A.	**Rekuperation**
750 Wh	750 Wh	750 Wh	K. A.	K. A.	**Maximal lieferbare Akkukapazität**
12	12	12	K. A.	K. A.	**Vom Hersteller ver-fügbare Displays**
Nein	Nein	Nein	K. A.	K. A.	**Smartphone-App/ Steuerung per App**
K. A.	K. A.	K. A.	K. A.	K. A.	**Vollautomatik möglich**
				S-Pedelec-Motor	**Besonderheiten**
bafang-e.com			brose-ebike.com		**URL**

K. A. = Keine Angabe.

Übersicht Mittelmotoren

Hersteller	Bosch			
Modell	Active Line	Active Line Plus	Performance Line	Performance Line CX
Zur Nachrüstung geeignet	Nein	Nein	Nein	Nein
Gewicht (Motor)	2,9 kg	3,2 kg	4 kg	4 kg
Spannung	36 V	36 V	36 V	36 V
Nennleistung	250 W	250 W	250/350 W	250 W
Max. Drehmoment	40 Nm	50 Nm	50/63 Nm	75 Nm
Unterstützungs-stufen	4	4	4	4
Rücktrittbremse möglich	Ja	Ja	Nein	Nein
Rekuperation	Nein	Nein	Nein	Nein
Maximal lieferbare Akkukapazität	500 Wh	500 Wh	500 Wh	500 Wh
Vom Hersteller verfügbare Displays	Purion, Intuvia, Nyon	Purion, Intuvia, Nyon	Purion, Intuvia, Nyon	Purion, Intuvia, Nyon
Smartphone-App/Steuerung per App	Nein	Nein	Nein	Nein
Vollautomatik möglich	Ja	Ja	Ja	Ja
Besonderheiten	1000 Wh mit DualBattery-Technologie			
URL	bosch-ebike.com/de			

Cleanmobile				Hersteller
TQ 120 C	TQ 120 Race	TQ 120 S (25 km/h)	TQ 120 S (45 km/h)	Modell
Nein	Nein	Nein	Nein	Zur Nachrüstung geeignet
4,2 kg	4,2 kg	4,2 kg	4,2 kg	Gewicht (Motor)
48 V	48 V	48 V	48 V	Spannung
250 W	920 W	250 W	500 W	Nennleistung
120 Nm	120 Nm	120 Nm	120 Nm	Max. Drehmoment
5	5	5	5	Unterstützungsstufen
Nein	Nein	Nein	Nein	Rücktrittbremse möglich
Nein	Nein	Nein	Nein	Rekuperation
880 Wh	880 Wh	880 Wh	880 Wh	Maximal lieferbare Akkukapazität
2	2	2	2	Vom Hersteller verfügbare Displays
Ja/Nein	Ja/Nein	Ja/Nein	Ja/Nein	Smartphone-App/ Steuerung per App
K. A.	K. A.	K. A.	K. A.	Vollautomatik möglich
Konzipiert für Lasten-E-Bikes			S-Pedelec-Motor	Besonderheiten
tq-drives.com				URL

K. A. = Keine Angabe.

Übersicht Mittelmotoren

Hersteller	Continental		
Modell	36V	48V Prime	48V Revolution
Zur Nachrüstung geeignet	Nein	Nein	Nein
Gewicht (Motor)	3,4 kg	4,1 kg	6,4 kg
Spannung	36 V	48 V	48 V
Nennleistung	250 W	250 W	250 W
Max. Drehmoment	64 Nm	70 Nm	70 Nm
Unterstützungsstufen	3	3	3
Rücktrittbremse möglich	K. A.	K. A.	K. A.
Rekuperation	K. A.	K. A.	K. A.
Maximal lieferbare Akkukapazität	612 Wh	600 Wh	600 Wh
Vom Hersteller verfügbare Displays	1	1	1
Smartphone-App / Steuerung per App	Ja / Ja	Ja / Ja	Ja / Ja
Vollautomatik möglich	K. A.	K. A.	Ja
Besonderheiten			Integrierte Getriebeschaltung
URL	continental-bicycle-systems.com		

Derby Cycle			Fazua	Hersteller
Impulse 2.0/ Speed	Impulse Evo/ Speed	Impulse Evo RS/ Speed	Evation	Modell
Nein	Nein	Nein	Nein	Zur Nachrüstung geeignet
3,9 kg	4 kg	4 kg	3,2 kg	Gewicht (Motor)
36 V	36 V	36 V	36 V	Spannung
250/350 W	250 W	250 W	250 W	Nennleistung
80 Nm	80 Nm	K. A.	60 Nm	Max. Drehmoment
3	3	4	3	Unterstützungsstufen
Ja	Ja	Ja	K. A.	Rücktrittbremse möglich
Nein	Nein	Nein	Nein	Rekuperation
612 Wh	630 Wh	630 Wh	250 Wh	Maximal lieferbare Akkukapazität
Big, Compact, Ergo	2 (Evo Display, Evo Smart Display)	2 (Evo Display, Evo Smart Display)	1	Vom Hersteller verfügbare Displays
Nein	Ja/Nein	Ja/Nein	Ja/K. A.	Smartphone-App/ Steuerung per App
Nein	Nein	Nein	Nein	Vollautomatik möglich
	Auch als pulsgesteuerte Ergo-Version			Besonderheiten
kalkhoff-bikes.com			fazua.com	URL

K. A. = Keine Angabe.

Übersicht Mittelmotoren

Hersteller	Giant			MPF
Modell	SyncDrive Life (baugleich Yamaha PW)	SyncDrive Sport (baugleich Yamaha PW)	SyncDrive Pro (baugleich Yamaha PW-X)	Drive Motor 5 series
Zur Nachrüstung geeignet	Nein	Nein	Nein	Nein
Gewicht (Motor)	3,5 kg	3,5 kg	3,1 kg	4,8 kg
Spannung	36 V	36 V	36 V	36 V
Nennleistung	250 W	250 W	250 W	250 W
Max. Drehmoment	60 Nm	80 Nm	80 Nm	75 Nm
Unterstützungsstufen	3	3	5	3
Rücktrittbremse möglich	Nein	Nein	Nein	k. A.
Rekuperation	Nein	Nein	Nein	Nein
Maximal lieferbare Akkukapazität	500 Wh	500 Wh	500 Wh	432 Wh
Vom Hersteller verfügbare Displays	2	2	1	2 (AF, LW)
Smartphone-App / Steuerung per App	Nein	Nein	Nein	Nein
Vollautomatik möglich	Nein	Nein	Nein	K. A.
Besonderheiten				
URL	giant-bicycles.com			mpfdrive.com

Panasonic		Shimano		Hersteller
Next Generation	**Multi Speed Assist**	**Steps City E6000**	**Steps MTB E8000**	**Modell**
Nein	Nein	Nein	Nein	**Zur Nachrüstung geeignet**
4,8 kg	4,8 kg	3,2 kg	2,8 kg	**Gewicht (Motor)**
36 V	36 V	36 V	36 V	**Spannung**
250/350 W	250/350 W	250 W	350 W	**Nennleistung**
60 Nm	60 Nm	50 Nm	70 Nm	**Max. Drehmoment**
3	3	3	4	**Unterstützungs-stufen**
Ja	Ja	Ja	Nein	**Rücktrittbremse möglich**
Nein	Nein	Nein	Nein	**Rekuperation**
648 Wh	630 Wh	418/504 Wh (Ge-päckträgermodell)	504 Wh	**Maximal lieferbare Akkukapazität**
3	1	1	1	**Vom Hersteller ver-fügbare Displays**
Nein	Nein	Nein	Nein	**Smartphone-App/ Steuerung per App**
Ja	Ja	Ja	Ja	**Vollautomatik möglich**
	Integrierte Getriebe-schaltung			**Besonderheiten**
eu.industrial.panasonic.com		shimano-steps.com		**URL**

K. A. = Keine Angabe.

Übersicht Mittelmotoren

Hersteller	TranzX		Yamaha	
Modell	M 16	M 25	PW/PW SE	PW-X
Zur Nachrüstung geeignet	Nein	Nein	Nein	Nein
Gewicht (Motor)	3,9 kg	3,99 kg	3,5 kg	3,1 kg
Spannung	36/40/48 V	36/48 V	36 V	36 V
Nennleistung	250/350 W	250/400/500 W	250 W	250 W
Max. Drehmoment	50/55/58/65 Nm	60/70 Nm	70 Nm	80 Nm
Unterstützungsstufen	4	4	4	5
Rücktrittbremse möglich	Ja	Ja	Nein	Nein
Rekuperation	Nein	Nein	Nein	Nein
Maximal lieferbare Akkukapazität	601 Wh	601 Wh	500 Wh	500 Wh
Vom Hersteller verfügbare Displays	3 (DP 15/27, DP 16, SP 24/RC 19)	3 (DP 15/27, DP 16, SP 24/RC 19)	2	1
Smartphone-App/ Steuerung per App	Nein	Nein	Nein	Nein
Vollautomatik möglich	K. A.	Ja	K. A.	K. A.
Besonderheiten				
URL	tranzx.com		global.yamaha-motor.com	

K. A. = Keine Angabe.

Übersicht Heckmotoren

Hersteller	Alber	Ananda		
Modelle	Neodrives Z 15	M109 SD	M130 SD	M180 CD
Zur Nachrüstung geeignet	Nein	Ja	Ja	Ja
Gewicht (Motor)	4,36 kg	2,4 kg	2,9 kg	5,3 kg
Spannung	36 V	36 V	36 V	36/48 V
Nennleistung	250 W	250 W	250 W	250/350/500 W
Max. Drehmoment	40 Nm	41 Nm	38 Nm	42/46 Nm
Unterstützungsstufen	3	Nach Kundenwunsch	Nach Kundenwunsch	Nach Kundenwunsch
Rücktrittbremse möglich	Nein	K. A.	K. A.	K. A.
Rekuperation	Ja	K. A.	K. A.	K. A.
Maximal lieferbare Akkukapazität	522 Wh	418/396 Wh	375 Wh (Gepäckträgermodell)	418 Wh
Vom Hersteller verfügbare Displays	Smart MMI (Men Machine Interface) mit Farbbildschirm	D 5	D 7	D 5
Smartphone-App/ Steuerung per App	Ja/Nein	K. A.	K. A.	K. A.
Vollautomatik möglich	K. A.	K. A.	K. A.	K. A.
Besonderheiten	Bremsassistent			
URL	neodrives.com	ananda-drive.com		

K. A. = Keine Angabe.

Übersicht Heckmotoren

Hersteller	Ansmann		Bafang	
Modelle	RM 5.1	RM 7.0	RM G010	RM G310
Zur Nachrüstung geeignet	Ja	Ja	Ja	Ja
Gewicht (Motor)	2 kg	4 kg	2,8 kg	3 kg
Spannung	36 V	36 V	36/43 V	36/43 V
Nennleistung	250 W	250 W/500 W	250 W	250 W
Max. Drehmoment	30 Nm	42 Nm	32 Nm	30 Nm
Unterstützungsstufen	6	5	Nach Kundenwunsch	Nach Kundenwunsch
Rücktrittbremse möglich	Nein	Ja	Nein	Nein
Rekuperation	Nein	Ja	Nein	K. A.
Maximal lieferbare Akkukapazität	630 Wh/504 Wh (Gepäckträger)	630 Wh/504 Wh (Gepäckträger)	750 Wh	750 Wh
Vom Hersteller verfügbare Displays	LED/LCD	CAN; Teasi (Farbbildschirm/Navigation)	12	12
Smartphone-App/ Steuerung per App	K. A.	Ja/K. A.	K. A.	K. A.
Vollautomatik möglich	K. A.	K. A.	K. A.	K. A.
Besonderheiten				
URL	ansmann-energy.com		bafang-e.com	

Bionx	Go Swissdrive				Hersteller
D-Series/P-Series	Cruise	Standard	Mountain	Power	Modell
Ja	Nein	Nein	Nein	Nein	Zur Nachrüstung geeignet
4 kg/ 4,7 kg	4,7 kg	5,3 kg	5,6 kg	5,6 kg	Gewicht (Motor)
48 V	36 V	36 V	36 V	36 V	Spannung
250 W	250 W	250 W	500 W	500 W	Nennleistung
50 Nm/ 40 Nm	37 Nm	40 Nm	45 Nm	45 Nm	Max. Drehmoment
4	5	5	5	5	Unterstützungs-stufen
Nein	Nein	Nein	Nein	Nein	Rücktrittbremse möglich
Ja	Ja	Ja	Ja	Ja	Rekuperation
555 Wh	558 Wh	558 Wh	558 Wh	558 Wh	Maximal lieferbare Akkukapazität
DS 3	Standard, Evo, Evo TFT	Standard, Evo, Evo TFT	Standard, Evo, Evo TFT	Standard, Evo, Evo TFT	Vom Hersteller verfügbare Dis-plays
Nein	Ja/Nein	Ja/Nein	Ja/Nein	Ja/Nein	Smartphone-App/ Steuerung per App
K. A.	Nein	Nein	Nein	Nein	Vollautomatik möglich
				S-Pedelec-Motor	Besonderheiten
ridebionx.com	go-swissdrive.com				URL

K. A. = Keine Angabe.

Übersicht Heckmotoren

Hersteller	Heinzmann			Marquardt
Modell	Classic	DirectPower PRA 180-25	DirectPower PRA 180-30	„Heckmotor"
Zur Nachrüstung geeignet	Ja	Ja	Ja	Ja
Gewicht (Motor)	3,5 kg	4,7 kg	5,2 kg	3,8 kg
Spannung	36 V	36 V	36 V	48 V
Nennleistung	250 W	250/500 W	500 W	250/500 W
Max. Drehmoment	60 Nm	60 Nm	60 Nm	40 Nm
Unterstützungsstufen	2	Nach Kundenwunsch	Nach Kundenwunsch	k. A.
Rücktrittbremse möglich	Ja	Nein	Nein	Nein
Rekuperation	Nein	Ja	Ja	k. A.
Maximal lieferbare Akkukapazität	486 Wh	515 Wh	515 Wh	500 Wh
Vom Hersteller verfügbare Displays	–	1	1	3
Smartphone-App/ Steuerung per App	Nein	Nein	Nein	Ja/Nein
Vollautomatik möglich	K. A.	K. A.	K. A.	K. A.
Besonderheiten			S-Pedelec-Motor	
URL	ebike.heinzmann.com			marquardt-ebike.com

Panasonic		SR Suntour		Hersteller
CHM	**CHM S**	**ATS-Heckmotor-system**	**E-45-Hinterrad-motor**	**Modell**
Ja	Ja	Nein	Nein	**Zur Nachrüstung geeignet**
2,7 kg	5,2 kg	3,2 kg	3,9 kg	**Gewicht (Motor)**
46,8 V	46,8 V	36 V	46,8 V	**Spannung**
250 W	500 W	250 W	500 W	**Nennleistung**
40 Nm	60 Nm	50 Nm	80 Nm	**Max. Drehmoment**
4	4	4	4	**Unterstützungs-stufen**
Nein	Nein	Nein	Nein	**Rücktrittbremse möglich**
Ja	Ja	Ja	Nein	**Rekuperation**
562 Wh	562 Wh	418 Wh	655 Wh	**Maximal lieferbare Akkukapazität**
1	1	1	1	**Vom Hersteller ver-fügbare Displays**
Nein	Nein	Nein	Nein	**Smartphone-App / Steuerung per App**
Nein	Nein	K. A.	K. A.	**Vollautomatik möglich**
Automatikmodus	S-Pedelec-Motor		S-Pedelec-Motor	**Besonderheiten**
eu.industrial.panasonic.com		srsuntour-cycling.com		**URL**

K. A. = Keine Angabe.

Übersicht Heckmotoren

Hersteller	Stromer			
Modell	**M 25**	**P 48**	**Syno Drive**	**Cyro Drive**
Zur Nachrüstung geeignet	Nein	Nein	Nein	Nein
Gewicht (Motor)	K. A.	K. A.	K. A.	K. A.
Spannung	36 V	36 V	48 V	48 V
Nennleistung	250 W	500 W	500 W	250/500 W
Max. Drehmoment	30 Nm	30 Nm	40 Nm	35 Nm
Unterstützungsstufen	K. A.	K. A.	3	3
Rücktrittbremse möglich	Nein	Nein	Nein	Nein
Rekuperation	Ja	Ja	Ja	Ja
Maximal lieferbare Akkukapazität	630 Wh	630 Wh	983 Wh	814 Wh
Vom Hersteller verfügbare Displays	K. A.	K. A.	K. A.	K. A.
Smartphone-App/ Steuerung per App	Nein	Nein	Ja/K. A..	Ja/K. A.
Vollautomatik möglich	K. A.	K. A.	K. A.	K. A.
Besonderheiten	Exklusivmodelle für „Stromer"	Exklusivmodelle für „Stromer"	Exklusivmodelle für „Stromer"	Exklusivmodelle für „Stromer"
URL	stromerbike.com			

	TranzX	Hersteller
Syno Sport	**R 15**	**Modell**
Nein	Ja	**Zur Nachrüstung geeignet**
K. A.	2,5 kg	**Gewicht (Motor)**
48 V	36 V	**Spannung**
850 W	250 W	**Nennleistung**
48 Nm	45 Nm	**Max. Drehmoment**
K. A.	4	**Unterstützungsstufen**
K. A.	Ja	**Rücktrittbremse möglich**
Ja	Nein	**Rekuperation**
983 Wh	601 Wh	**Maximal lieferbare Akkukapazität**
K. A.	3 (DP 15/27, DP 16, SP 24/RC 19)	**Vom Hersteller verfügbare Displays**
Ja/K. A.	Nein	**Smartphone-App/ Steuerung per App**
K. A.	K. A.	**Vollautomatik möglich**
Exklusivmodelle für „Stromer"		**Besonderheiten**
	tranzx.com	**URL**

K. A. = Keine Angabe.

Stichwortverzeichnis

Die Stiftung Warentest wurde 1964 auf Beschluss des Deutschen Bundestages gegründet, um dem Verbraucher durch vergleichende Tests von Waren und Dienstleistungen eine unabhängige und objektive Unterstützung zu bieten.

Wir kaufen – anonym im Handel, nehmen Dienstleistungen verdeckt in Anspruch.

Wir testen – mit wissenschaftlichen Methoden in unabhängigen Instituten nach unseren Vorgaben.

Wir bewerten – von sehr gut bis mangelhaft, ausschließlich auf Basis der objektivierten Untersuchungsergebnisse.

Wir veröffentlichen – anzeigenfrei in unseren Büchern, den Zeitschriften test und Finanztest und im Internet unter www.test.de

Karl-Gerhard Haas ist Technikjournalist und in allen Themen bewandert, die mit elektrischem Strom und Elektronik zu tun haben. Sein Fachwissen gibt er in anschaulicher Weise als Autor zahlreicher verständlich geschriebener Technikratgeber und -artikel weiter.

Stiftung Warentest
Lützowplatz 11–13
10785 Berlin
Telefon 0 30/26 31–0
Fax 0 30/26 31–25 25
www.test.de
email@stiftung-warentest.de

USt-IdNr.: DE136725570

Programmleitung: Niclas Dewitz

Autor: Karl-Gerhard Haas
Projektleitung/Lektorat: Uwe Meilahn
Mitarbeit: Merit Niemeitz, Stefanie Proske
Korrektorat: Nicole Woratz, Berlin
Fachliche Beratung: Felix Krakow, Bonn
Titelentwurf: Josephine Rank, Berlin
Layout: Büro Brendel, Berlin
Grafik, Satz: Anne-Katrin Körbi
Bildredaktion: Barbara Pütter, Stephan Scholtz, Hamburg
Bildnachweis: mmphoto, ferkelraggae/Fotolia; OJO Images/iStockphoto; Robert Niedring/Westend61/mauritius images (Titel); innen: 8, 96, 72 flyer-bikes; 11 Riese & Müller; 12 MERIDA; 13 NuVinci Cycling; 14 feddz; 15 UDV – Unfallforschung der Versicherer; 17, 21, 34, 48, 50, 51, 52, 54, 55, 84 Bosch; 20 BLOKS. GmbH; 22, 23, 24 Derby Cycle; 26 Gates Corporation; 29, 82 Martin Erd/haibike; 30, 31 NuVinci Cycling; Getty Images: Robert Niedring 32, iStockphoto 36, nullplus 86, Jan Greune 87; 33 winora; 37 BionX; 38 Superpedestrian; 40, 54 Shimano Europe 42, 43 FAHRER Berlin GmbH; 49 Go Swiss Drive; 53, 61 rechts Urtze/BH; 56 Messe Friedrichshafen 58 CENTURION; 59, 66 vivax; 60, 61 links Urtze/Emotion, 63, 74 Kalkhoff Bikes; 65 Sqlab; 67 Eurobike; 69 H. Noll/Stiftung Warentest; 70, 95 Gregor Bresser; 73 Haibike; 75 croozer; 79 Stiftung Warentest; 80 ZIV; 89 VCDe.V.; 96 ADFC; 93, 96 abus; 100 Marcus Gloger/ADFC; 102 Wayhome Studio/stock.adobe.com; 123 e-motion e-bike Premium shop; 25, 1 – 120, 124 – 127 Ralph Kaiser, Michael Haase

Produktion: Vera Göring
Verlagsherstellung: Rita Brosius (Ltg.), Romy Alig, Susanne Beeh
Litho: tiff.any, Berlin
Druck: Media-Print Informationstechnologie GmbH, Paderborn

ISBN: 978-3-86851-477-3

Wir haben für dieses Buch 100 % Recyclingpapier und mineralölfreie Druckfarben verwendet. Stiftung Warentest druckt ausschließlich in Deutschland, weil hier hohe Umweltstandards gelten und kurze Transportwege für geringe CO_2-Emissionen sorgen. Auch die Weiterverarbeitung erfolgt ausschließlich in Deutschland.